Kathleen Dittmann

Identifizierung von an chromosomalen Translokationen beteiligten Genen

Kathleen Dittmann

Identifizierung von an chromosomalen Translokationen beteiligten Genen

Kombination von FT-CGH und LM-PCR und Erstellung einer Matlab basierten Benutzeroberfläche

Südwestdeutscher Verlag für Hochschulschriften

Impressum/Imprint (nur für Deutschland/only for Germany)
Bibliografische Information der Deutschen Nationalbibliothek: Die Deutsche Nationalbibliothek verzeichnet diese Publikation in der Deutschen Nationalbibliografie; detaillierte bibliografische Daten sind im Internet über http://dnb.d-nb.de abrufbar.

Alle in diesem Buch genannten Marken und Produktnamen unterliegen warenzeichen-, marken- oder patentrechtlichem Schutz bzw. sind Warenzeichen oder eingetragene Warenzeichen der jeweiligen Inhaber. Die Wiedergabe von Marken, Produktnamen, Gebrauchsnamen, Handelsnamen, Warenbezeichnungen u.s.w. in diesem Werk berechtigt auch ohne besondere Kennzeichnung nicht zu der Annahme, dass solche Namen im Sinne der Warenzeichen- und Markenschutzgesetzgebung als frei zu betrachten wären und daher von jedermann benutzt werden dürften.

Coverbild: www.ingimage.com

Verlag: Südwestdeutscher Verlag für Hochschulschriften GmbH & Co. KG
Heinrich-Böcking-Str. 6-8, 66121 Saarbrücken, Deutschland
Telefon +49 681 37 20 271-1, Telefax +49 681 37 20 271-0
Email: info@svh-verlag.de

Zugl.: Greifswald, EMAU, Diss., 2011

Herstellung in Deutschland:
Schaltungsdienst Lange o.H.G., Berlin
Books on Demand GmbH, Norderstedt
Reha GmbH, Saarbrücken
Amazon Distribution GmbH, Leipzig
ISBN: 978-3-8381-3053-8

Imprint (only for USA, GB)
Bibliographic information published by the Deutsche Nationalbibliothek: The Deutsche Nationalbibliothek lists this publication in the Deutsche Nationalbibliografie; detailed bibliographic data are available in the Internet at http://dnb.d-nb.de.

Any brand names and product names mentioned in this book are subject to trademark, brand or patent protection and are trademarks or registered trademarks of their respective holders. The use of brand names, product names, common names, trade names, product descriptions etc. even without a particular marking in this works is in no way to be construed to mean that such names may be regarded as unrestricted in respect of trademark and brand protection legislation and could thus be used by anyone.

Cover image: www.ingimage.com

Publisher: Südwestdeutscher Verlag für Hochschulschriften GmbH & Co. KG
Heinrich-Böcking-Str. 6-8, 66121 Saarbrücken, Germany
Phone +49 681 37 20 271-1, Fax +49 681 37 20 271-0
Email: info@svh-verlag.de

Printed in the U.S.A.
Printed in the U.K. by (see last page)
ISBN: 978-3-8381-3053-8

Copyright © 2012 by the author and Südwestdeutscher Verlag für Hochschulschriften GmbH & Co. KG and licensors
All rights reserved. Saarbrücken 2012

Zusammenfassung

Maligne Erkrankungen zeigen oft charakteristische genetische Veränderungen. Das Auffinden derartiger Veränderungen wurde in den letzten Jahren durch verfeinerte molekulare Techniken erleichtert. Viele genetische Ereignisse in den maligne transformierten Zellen sind jedoch noch ungeklärt. Die präzise Bestimmung der Bruchpunktregionen chromosomaler Veränderungen bei T-Zell akuten lymphatischen Leukämien ist Inhalt dieser Arbeit. Hierzu wurde die „Fine Tiling-Comparative Genomhybridisierung" (FT-CGH) mit der „Ligation mediated-PCR" (LM-PCR) kombiniert. Diese Methoden wurden zunächst an Zelllinien etabliert und anschließend in verschiedenen Leukämieproben eingesetzt.

Chromosomale Aberrationen gehen häufig mit Verlust oder Gewinn von genetischem Material einher. Diese unbalancierten Anomalien lassen sich durch die Comparative Genomhybridisierung (CGH) ermitteln. Dieses Verfahren ermöglicht Differenzen der DNA-Menge einer zu untersuchenden Probe bezogen auf eine interne Kontrollprobe zu detektieren. Bei der Fine Tiling-CGH werden gezielt chromosomale Abschnitte hochauflösend auf eventuelle Abweichungen des DNA-Gehaltes analysiert. Anschließend werden die detektierten Bruchpunktregionen der DNA-Schwankungen mittels der LM-PCR untersucht. Ein Abgleich mit einer internen Kontrollzelllinie HEK 293-T lässt atypische PCR-Fragmente bei der untersuchten Probe aufspüren. Der anschließende Sequenzabgleich unter der Verwendung des BLASTn Suchprogramms (*National Center for Biotechnology Information*) führte in den untersuchten Zelllinien, wie auch in den T-Zell akuten lymphatischen Leukämieproben zur Identifizierung verschiedener genomischer Veränderungen. Neben einfachen Deletionen wurden auch bisher ungeklärte komplexere chromosomale Translokationen nachgewiesen.

So konnte unter anderem bei einer lymphoblastischen T-Zell-Leukämie die Translokation t(12;14)(q23;q11.2) auf genomischer Ebene geklärt werden. Hierbei fand im Abschnitt 14q11 innerhalb des *TRA/D* Locus eine Deletion von 89 Kilobasen statt. Die Bruchenden wurden mit der Sequenz des open reading frames *C12orf42*, welches im 12q23 Chromosomenabschnitt lokalisiert ist, zusammengelagert. Bei dieser chromosomalen Aberration wurde die *C12orf42* Sequenz zerstört und 1,3 Kilobasen deletiert.

Des Weiteren konnte bei einer akuten lymphoblastischen T-Zell-Leukämie die Inversion inv(14)(q11q32) mit involvierten *TRA/D* und *IGH* Locus auf Sequenzebene geklärt werden. Der Bruch des 14q11 Bereiches fand zwischen dem Genabschnitt der konstanten Region (*TRAC*) des *TRA/D* Locus und dem *DAD1* (*defender against cell death 1*) Gens statt, wobei im beteiligten genetischen Abschnitt keine Rekombinasesignalsequenz (RSS) zu finden ist. Dieses belegt, dass fehlerhafte Umlagerungen innerhalb des Genoms nicht ausschließlich auf die Rekombinase zurückzuführen sind.

Die vorliegende Arbeit zeigt, dass die Kombination aus FT-CGH und LM-PCR eine präzise Bruchpunktanalyse unbekannter chromosomaler Aberrationen, welche mit Imbalancen einhergehen, ermöglicht. Diese genaue Analyse dient der Identifizierung von Genen, welche direkt und indirekt durch diese genomischen Umlagerungen betroffen sind. Das Wissen über diese Veränderungen kann für das Verständnis der Pathogenese, für diagnostische Zwecke und zum Nachweis der minimalen Resterkrankung eingesetzt werden. Eine Klärung beteiligter Gene und Signalwege wird es erlauben, zielgerichtete und individualisierte Therapiestrategien zu entwickeln.

Inhaltsverzeichnis

1. **Einleitung**   1
   - 1.1. Erbinformation, Chromosome und Gene   1
     - 1.1.1. Form der Chromosomen   1
     - 1.1.2. Karyotyp   2
     - 1.1.3. Nomenklatur der menschlichen Chromosomen   2
   - 1.2. Chromosomenanomalie   2
   - 1.3. Charakterisierung chromosomaler Veränderungen   3
     - 1.3.1. Molekulare Cytogenetik: Chromosomen-FISH-Analyse   3
     - 1.3.2. Comparative Genomhybridisierung (CGH)   4
     - 1.3.3. Polymerase Kettenreaktion: PCR und Ligation mediated-PCR   5
   - 1.4. Auswirkung chromosomaler Veränderungen   6
     - 1.4.1. Veränderung der Genexpression und Entstehung von Fusionsproteinen   7
   - 1.5. Aufgaben und Ziele   10

2. **Materialien**   11
   - 2.1. Geräte   11
   - 2.2. Verbrauchsmaterialien   12
   - 2.3. Arbeitskits   12
   - 2.4. Chemikalien und Reagenzien   13
   - 2.5. Puffer und Lösungen   13
   - 2.6. Restriktionsenzyme   14
   - 2.7. PCR-und RTSQ-PCR Bestandteile   14
   - 2.8. DNA-Größenstandards   14
   - 2.9. Zelllinien   15
   - 2.10. Leukämieproben   16
   - 2.11. Primer   17
     - 2.11.1. Primer auf gDNA Ebene   17
     - 2.11.2. Primer auf cDNA Ebene   18
     - 2.11.3. Adaptorprimer und Sequenz des Adaptors   18
   - 2.12. Internetseiten von Firmen, Datenbanken und Software   19

3. **Methoden**   21
   - 3.1. RNA-Isolierung und Analytik   21
   - 3.2. Reverse Transkription   21
   - 3.3. DNA-Isolierung   22
     - 3.3.1. DNA-Isolierung nach Qiagen   22
     - 3.3.2. DNA-Isolierung nach Gentra   23
   - 3.4. Gelelektrophorese   23
   - 3.5. Gelextraktion   24
   - 3.6. Fine Tiling-Comparative Genomhybridisierung   24
   - 3.7. Polymerase Kettenreaktion   25
   - 3.8. Real-time-semiquantitative PCR (RTSQ-PCR)   26

3.9. GenomeWalker 27
    3.9.1. Gewinnung und Überprüfung von genomischer DNA 28
    3.9.2. Verdau der genomischen DNA 28
    3.9.3. Aufreinigung der geschnittenen DNA 29
    3.9.4. Herstellung und Ligation des BD GenomeWalker™ Adapters 29
3.10. LM-PCR 32
    3.10.1. Durchführung der LM-PCR 33
3.11. Erkennen und Ausschneiden atypischer PCR-Fragmente 34
3.12. Sequenzierung atypischer PCR-Fragmente 35

4. Statistische Analyse der Rohdaten   37
    4.1. Umfang der FT-CGH Analysen 37
    4.2. Untersuchte genomische Bereiche der FT-CGH Analysen 38
    4.3. Unnormierte Daten 40
    4.4. Normierung der Daten 42
        4.4.1. Normierung durch die prozentuale Häufigkeit 42
    4.5. Durchführung der Varianzanalyse 44
    4.6. Signalintensitätsberechnung zwischen Probe und Referenz 45
    4.7. Mittelwertbildung von benachbarten Datenpunkten 47
        4.7.1. Suche nach Signalveränderungen mittels lokaler Rangzahlen und lokaler Summen 51
    4.8. Interaktive Benutzeroberfläche 64
        4.8.1. Objekt-orientierte Programmierung in Matlab 65
        4.8.2. Einrichten der interaktiven Benutzeroberfläche 65

5. Ergebnisse   73
    5.1. DAOY Zelllinie 73
    5.2. Lymphoblastische T-Zell-Leukämie L124/99 78
    5.3. T-ALL Patientenprobe 867/05 84
    5.4. T-PLL ähnliche Patientenprobe 274/05 91
    5.5. T-PLL Patientenprobe L551/01 97
    5.6. Sézary Patientenprobe 1365/04 100
    5.7. KK1 Zelllinie 112

6. Diskussion   119
    6.1. Analyse bestimmter Genorte mittels FT-CGH und LM-PCR 119
    6.2. Ergebnisse der FT-CGH und LM-PCR 119
        6.2.1. DAOY Zelllinie 120
        6.2.2. Patientenprobe L124/99 123
        6.2.3. Patientenprobe 867/05 124
        6.2.4. Patientenprobe 274/05 126
        6.2.5. Patientenprobe L551/01 127
        6.2.6. Patientenprobe 1365/04 128
        6.2.7. KK1 Zelllinie 131
    6.3. Die interaktive Benutzeroberfläche 134
    6.4. Ausblick 136

A. Anhang   137
    A.1. Geklärte genetische Veränderung dieser Arbeit 137
    A.2. Abkürzungsverzeichnis 138

Literaturverzeichnis 141

Tabellenverzeichnis 149

Abbildungsverzeichnis 151

Inhaltsverzeichnis

1. Einleitung

Die vorliegende Arbeit beschäftigt sich mit der Identifizierung chromosomaler Veränderungen bei malignen Erkrankungen. Um diese Veränderungen zu klären, wurde die Fine Tiling-Comparative Genomhybridisierung (FT-CGH) mit der Ligation mediated-PCR (LM-PCR) kombiniert. Zunächst sollten in Zelllinien und dann in Leukämieproben unbekannte Translokationspartner, welche eine Schlüsselrolle bei der malignen Erkrankung spielen könnten, charakterisiert werden.

Die Klärung genetischer Veränderungen kann es ermöglichen, neue zielgerichtete und individuelle Therapien zu entwickeln.

1.1. Erbinformation, Chromosome und Gene

Die Erbinformation aller Zellen ist in der Deoxyribonucleinsäure (engl. *deoxyribonucleic acid*, kurz: DNA) enthalten und wird durch die Abfolge der vier Nucleotide Adenin (A), Cytosin (C), Guanin (G) und Thymin (T) codiert [90]. Adenin und Thymin bzw. Guanin und Cytosin bilden durch spezifische Wasserstoffbrücken ein Basenpaar (kurz: bp) [49]. Hierbei spricht man von der sogenannten Basenpaarregelung oder Komplementarität [49]. Die vollständige Entschlüsselung des humanen Genoms gelang im Juni 2004 durch das in den USA im Herbst 1990 gegründete Humangenomprojekt (HGP, engl. *Human Genome Project*). Die Größe der menschlichen DNA wurde auf ca. 3,2 Milliarden Basenpaare, also 3,2 Gb („Gigabasen", entspricht 10^9 bp) mit nur rund 25.000 Genen ermittelt [49]. Die DNA ist der Schlüssel zu den Gensequenzen, welche wiederum die Informationen für spezifische Proteinen enthält.

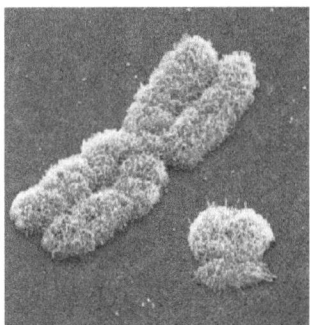

Abb. 1.1.: Elektronenmikroskopaufnahme eines humanen X-Chromosoms (*links*) und Y- Chromosoms (*rechts*) in 10.000-facher Vergrößerung während der M-Phase (*aus Nature*)

1.1.1. Form der Chromosomen

Die genetische Information der DNA liegt beim Menschen in Form von Chromosomen vor. Am häufigsten werden diese in einem stark kondensierten Zustand dargestellt, in dem sie jedoch nur in einem kurzen Moment, im Prozess der Zellteilung, der M-Phase, als sogenannte Methaphasechromosomen vorliegen [90]. Zu diesem Zeitpunkt ist die DNA so fest verpackt, dass diese un-

1. Einleitung

ter dem Lichtmikroskop als Doppelstränge, den Schwesterchromatiden, erkennbar ist (Abb.1.1) [90]. Aufgrund der extremen Packungsdichte werden die Gene nicht exprimiert [90]. Die beiden Schwesterchromatiden sind über das Centromer miteinander verbunden [8]. Die Enden der Chromatiden werden als Telomere bezeichnet [8]. Anhand der Länge der Chromatiden und der Lage des Centromers in Bezug auf die Telomere können die einzelnen Chromosomen unterschieden werden [8].

1.1.2. Karyotyp

Die Anzahl, Größe und Form der in einer Zelle während der Mitose sichtbaren Methaphasechromosomen wird als Karyotyp bezeichnet [58]. Der normale menschliche Karyotyp besteht aus 46 Chromosomen und 2 Geschlechtschromosomen [90]. Bei der Frau lautet der normale Karyotyp 46,XX und beim Mann 46,XY.

1.1.3. Nomenklatur der menschlichen Chromosomen

Das **Internationale System für die cytogenetische Nomenklatur des Menschen (ISCN)** wird vom International Standing Committee on Human Cytogenetic Nomenclature festgelegt [90]. Die Position im kurzen Abschnitt des Chromatids wird mit p (franz.: *petit*, klein), die im langen Abschnitt mit q (*queue*) bezeichnet [90]. Durch bestimmte Anfärbemethoden kann man die Chromsomenabschnitte in einzelne Banden unterteilen, z.B. p11, p12. Eine weitere Unterteilung dieser Banden in Subbanden (p11.1, p11.2) und in deren Unterbanden p11.21, p11.22 ist ebenfalls möglich. Die relative Entfernung vom Centromer wird durch proximal (sehr nahe am Centromer) bzw. distal (weit vom Centromer entfernt) angegeben [90]. Die Zählung der Bandenmuster erfolgt vom Centromer in Richtung der Telomere [90].

1.2. Chromosomenanomalie

Die numerische oder strukturelle Chromosomenveränderung des normalen Karyotyps (46,XX bzw. 46,XY) bezeichnet man als Chromosomenanomalie. Bei den numerischen Anomalien liegt der Karyotyp mit veränderter Chromosomenanzahl, z.B. bei einer Trisomie oder Monosomie, vor [29]. Bei den strukturellen Anomalien kam es zum Austausch, Verlust oder Zugewinn einzelner Chromosomenabschnitte [29]. Solche Aberrationen können durch ungenaue Rekombination, durch fehlerhafte Reparatur von Chromosomenbrüchen oder durch schlechte Segregation von Chromsomen bei Mitose und Meiose erzeugt werden [90]. Chromosomenanomalien lassen sich aufgrund der Häufigkeit des Auftretens in Körperzellen in konstitutionelle oder somatische Anomalien unterscheiden. Die konstitutionelle Anomalie tritt in allen Körperzellen auf und muss daher schon sehr früh in der Entwicklung, z.B. durch eine veränderte Ei- bzw. Spermazelle entstanden sein. Bei der somatischen Anomalie handelt es sich um eine erworbene Anomalie, welche nur in bestimmten Zellen (z.B. Leukämiezellen) oder Geweben auftritt [90].

1.3. Charakterisierung chromosomaler Veränderungen

Die Analyse des menschlichen Karyotyps ist eine wichtige Aufgabe der Humangenetik und dient dem Verständnis genetischer Vorgänge und der Klärung genomischer Aberrationen. Abweichungen des normalen Karyotyps durch veränderte Chromosomenanzahl oder deren Struktur sind oft die Ursache verschiedener Krankheiten [49].

1.3.1. Molekulare Cytogenetik: Chromosomen-FISH-Analyse

Die Entwicklung der Fluoreszenz-*in situ* Hybridisierung (kurz: FISH) brachte in den 80-er Jahren des letzten Jahrhunderts einen großen Durchbruch in der Chromosomendiagnostik [71]. Dieses Verfahren beruht auf der Hybridisierung komplementärer DNA-Stränge, wobei ein Strang ein Teil des Chromosoms ist und es sich bei dem komplementären Partnerstrang um die sogenannte DNA- „Sonde" handelt [49]. Diese Sonde enthält modifizierte Nucleotide mit fluoreszierenden Seitengruppen wie z.B. 2,4-Dinitrophenol oder Rhodamin [49]. Die chromosomale DNA wird mit interkalierenden Verbindungen (Propidiumiodid) gegengefärbt und mit Hilfe eines Fluoreszenzmikroskopes und bildverstärkenden Verfahrens nachgewiesen [49]. Mittels diesem cytogenetischen Verfahren können bestimmte Chromosomen, kleinste Chromosomenabschnitte bis hin zu einzelnen Genen spezifisch markiert werden und fluoreszenzmikroskopisch mit hoher Auflösung sichtbar gemacht werden [71].

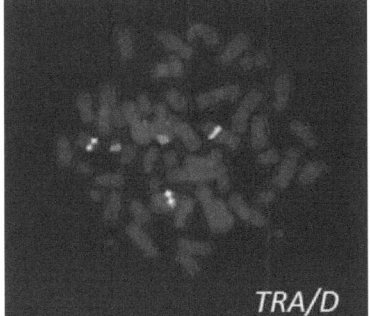

Abb. 1.2.: FISH-Analyse der Probe L124/99 mit spezifischen *TRA/D* Sonden: RPCl11-242H9, RPCl11-447G18 und RPCl11-678M7 (*Siebert et.al*) zeigt einen Bruch im *TRA/D* Genort des Chromosom 14

Diese Methode kann unabhängig von der Zellzyklusphase, in der sich die Zelle gerade befindet, angewandt werden. Dies bedeutet, dass die Analyse des Chromosoms nicht nur auf den gepackten Zustand des Metaphasechromosoms, sondern auch im intakten Interphasekern einer sich nicht teilenden Zelle angewendet werden kann [71]. Die Nachweisgrenze dieses Verfahrens liegt bei ca. 4M (Megabasen) DNA [90]. Mittlerweile wird diese cytogenetische Technik zur Analyse verschiedener Tumorgewebe, wie Gehirntumoren [6], Brusttumoren [67] oder dem Nierenzellkarzinom [9] eingesetzt. Auch können Mikrodeletionen in bestimmten Krankheiten, wie dem Prader Willy Syndrom mit einer Veränderung des Chromosom 15 oder dem Williams Syndrom mit einer Deletion innerhalb des Chromosoms 7 nachgewiesen werden [68].

Die Fluoreszenz-*in situ* Hybridisierung dient der Erforschung, dem Verständnis, der Diagnose und Prognose bestimmter Krankheiten [68]. Sie ermöglicht den Nachweis genetischer Veränderungen, wie Translokationen, Inversionen oder Duplikationen ganzer Chromosomen oder deren Abschnitte. So ist unter anderem der Nachweis der BCR-ABL Translokation [14], die 5'-*IGH* Deletion [83] oder die Trisomie 21 [40] durch kommerziell erhältliche FISH-Sonden möglich.

1.3.2. Comparative Genomhybridisierung (CGH)

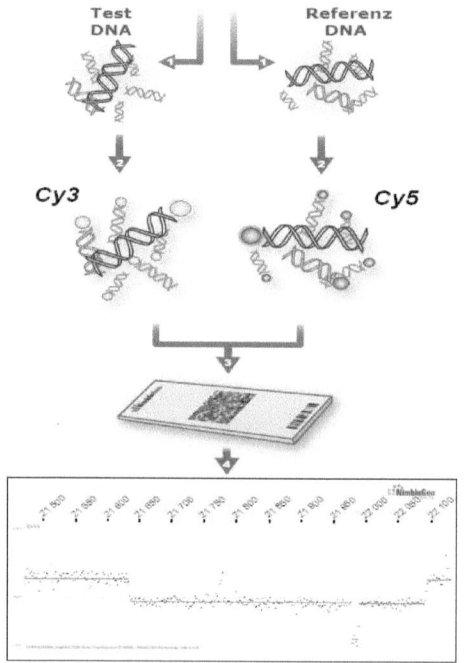

Für die Messung der Kopienanzahl ganzer Chromosomen bzw. bestimmter chromosomaler Abschnitte kommt die comparative genomische Hybridisierung (engl.: *comparative genomic hybridization*; *CGH*) zum Einsatz. Diese Technik gibt ein Überblick über Verluste bzw. Gewinne innerhalb des zu untersuchten Genoms ohne vorherige Zellkultivierung [99]. Bei dem zu analysierenden Genom kann es sich um Leukämiezellen wie auch solide Tumorzellen handeln, da sich bei der Durchführung der Analyse auf eine gesunde Kontrollprobe, d.h. ohne chromosomale Aberrationen, bezogen wird [99].

Hierzu wird die DNA der Testprobe mit dem grünen Fluoreszenzfarbstoff $Cy3$ und die der Kontrollprobe mit $Cy5$ (rot) markiert [99]. Anschließend werden die beiden Proben im Verhältnis 1:1 gemischt und auf einen CGH-Array hybridisiert. Die Messung des $Cy3$ Fluoreszenzfarbstoffes bei 532 nm und des $Cy5$ Farbstoffes bei 635 nm und der anschließenden Berechnung des Verhältnisses von $Cy3$ zu $Cy5$ gibt Aufschluss über die vorhandene DNA-Kopienanzahl untereinander. So ist diese Technik in der Lage chromosomale Deletionen (Verhältnis < 1) und chromosomale Gewinne (Verhältnis > 1) in der untersuchten Probe zu detektieren [99].

Abb. 1.3.: Übersicht der FT-CGH Analyse des *TRA/D* Genortes der Probe 867/05. No1: Proben Präparation: Restriktion der genomischen Test- und Referenz-DNA **No2: DNA Markierung:** Beide DNA-Proben werden unabhängig voneinander mit den Fluoreszenzfarbstoffen $Cy3$ und $Cy5$ markiert. **No3: Hybridisierung der gDNA:** Gleichzeitige Hybridisierung beider Proben auf einen NimbleGen CGH Array. Anschließende Messung des grünen $Cy3$ Farbstoffes bei 532 nm und des roten $Cy5$ Farbstoffes bei 635 nm. **No4: Datenanalyse:** Normalisierte und berechnete $Cy3$ und $Cy5$ Signalwerte werden analysiert und mittels der NimbleGen Software visualisiert.

Die CGH Methode, die auf das Gesamtgenom angewendet wird, wurde erstmals im Jahre 1993 durch Kallioniemi et al. beschrieben [46]. Mittels dieses Verfahrens können unbalancierte chromosomale Aberrationen innerhalb des Genoms ab einer Größe von ca. 10M nachgewiesen werden [93]. Jedoch können keine unbalancierte Translokationen detektiert werden, da die Methode auf der Messung genomischer Unterschiede beruht. Die CGH Analyse genomischer Bereiche, welche viele repetitive Sequenzen aufweisen (z.B. der Immunglobulingenort *IGH*), ist aufgrund der ent-

1.3. Charakterisierung chromosomaler Veränderungen

stehenden starken Signalschwankungen nicht möglich. Des Weiteren können keine Imbalancen kleiner als 10M analysiert werden, da dies aufgrund der Auflösung nicht gegeben ist. Hierzu bietet sich das Verfahren der Fine Tiling-Comparativen Genomhybridisierung (FT-CGH) an, durch das zuvor ausgewählte genomische Bereiche hochauflösend analysiert werden können. Die Nachweisgrenze der FT-CGH Analyse liegt bei ca. 2Kb.

1.3.3. Polymerase Kettenreaktion: PCR und Ligation mediated-PCR

Mit Hilfe der Polymerasekettenreaktion (PCR, engl.: *polymerase chain reaction*) ist es möglich kleinste Mengen spezifischer DNA-Sequenzen künstlich zu vervielfältigen [49]. Hierbei ist der Einsatz der vier verschiedenen Deoxyribonucleotiden (kurz: dNTPs), des zu vervielfältigten DNA Abschnittes mit bekanntem Sequenzbereich, in dem auch die eingesetzten Oligonucleotide binden können und einer DNA-Polymerase mit geeignetem Buffer notwendig [49]. Der Ablauf bestimmter Temperaturzyklen in einem Thermocycler vervielfältigt die eingesetzten DNA-Abschnitte exponentiell.

Beim ersten Abschnitt der PCR, der **Denaturierung der DNA-Doppelstränge**, auch Schmelzen (engl.: *Melting*) genannt, wird die doppelsträngige DNA auf 94-96°C für einige Sekunden erhitzt, um so die Wasserstoffbrücken beider DNA-Stränge aufzutrennen und die Primeranlagerung zu ermöglichen. Diese **Primerhybridisierung** (engl.: *Primer annealing*) wird durch das Halten einer für die Primer optimalen Temperatur erzeugt. Die Länge und die Sequenz der Primer bestimmen hierbei die optimale Annealingtemperatur. Diese kann nach der sogenannten „2+4-Regel" berechnet werden. Bei der **Elongation** des DNA-Stranges, auch Amplifikation genannt, werden die fehlenden Stränge mit freien Nucleotiden aufgefüllt. Das Temperaturoptimum dieses PCR-Abschnittes hängt von der idealen Arbeitstemperatur der eingesetzten Polymerase ab, welche in der Regel zwischen 68°C und 72°C liegt. Die Länge dieses Zyklusabschnittes hängt wiederum von der zu erwartenden Länge des zu amplifizierenden DNA-Produktes ab, wobei für 1Kb eine Minute gerechnet wird. Diese drei PCR-Abschnitte: Denaturierung, Hybridisierung und Elongation werden 25-40 mal wiederholt, um so eine ausreichende Menge an DNA-Doppelsträngen zu gewährleisten. Nach dem letzten Elongationsschritt wird die PCR Reaktion auf 4°C abgekühlt, wodurch es zur Beeinträchtigung der Polymerasefunktion kommt und so die PCR gestoppt wird. Die Analyse des PCR Produktes erfolgt durch Auftragen von 10 μl des PCR Ansatzes auf ein mit Ethidiumbromid versetztes 1-2% Agarosegel. Durch einen Größenstandard kann die Größe der PCR Produkte bestimmt werden (Siehe auch: 3.3).

Die **Ligation mediated-PCR** (kurz: LM-PCR) beruht auf dem Verfahren der Polymerase Kettenreaktion. Hierbei wird zunächst die DNA mit verschiedenen Restriktionsenzymen geschnitten und anschließend an deren Ende eine spezifische Sequenz, die sogenannte Adaptorsequenz, ligiert. Die Durchführung der LM-PCR erfolgt durch Verwendung eines genspezifschen und eines adaptorspezifischen Primers.

Diese Methode erlaubt durch zuvor berechnete Restriktionsschnittstellen die Detektion atypischer PCR-Fragmente. Hierbei handelt es sich um Fragmente, die aufgrund veränderter Restriktionsschnittstellen von ihrer berechneten Größe abweichen. Die Sequenzierung dieser aty-

1. Einleitung

pischen Fragmente gibt Aufschluss über die Ursache der Restriktionsverschiebung und führt so zur molekularbiologischen Klärung chromosomaler Veränderungen (Siehe auch: 3.10).

1.4. Auswirkung chromosomaler Veränderungen

Chromosomale Ereignisse, wie Deletionen, Insertionen, Inversionen oder Translokationen, können Gene direkt oder indirekt betreffen. Dies führt im Allgemeinen zur Veränderung der Expression der mRNA und des Proteins. So kann eine chromosomale Aberration, welche innerhalb eines Gens auftritt, zur Zerstörung der Gensequenz und somit zum totalen Genverlust führen. Werden zwei Gene gleichzeitig durch eine chromosomale Veränderung betroffen, kann dies zu einer Genfusion führen, was wiederum zur Bildung eines neuartigen Fusionsproteins führen kann [86].

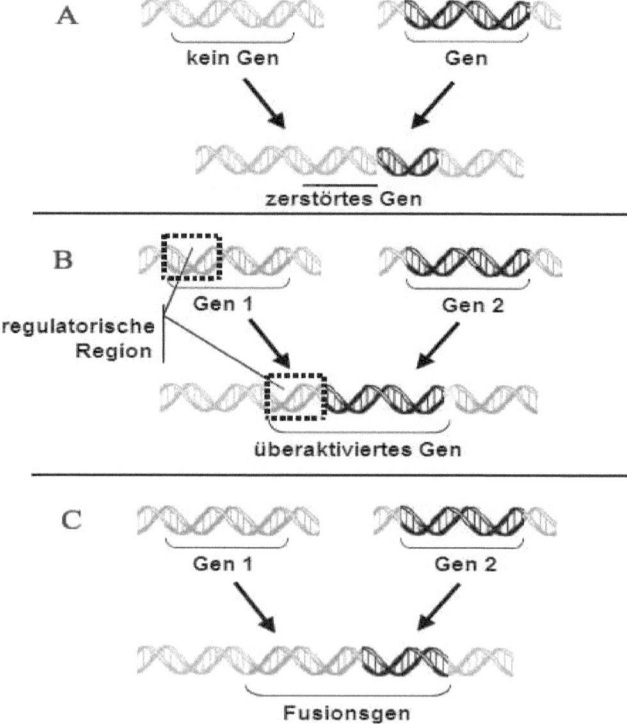

Abb. 1.4.: Effekte chromosomaler Aberrationen in humanen Krebszellen auf genomischer Ebene A: Inaktivierung von Gen 1 durch Zerstörung der DNA Struktur; **B:** Gen 2 kommt unter den Einfluss der regulatorischen Einheit von Gen 1; **C:** Fusion von Gen 1 und Gen 2 führt zur Expression eines Fusionsproteins, kontrolliert durch die regulatorische Einheit von Gen 1 [86]

1.4.1. Veränderung der Genexpression und Entstehung von Fusionsproteinen

Durch Cytogenetik und molekulare Analysen konnten in vielen chromosomalen Aberrationen Tumore nachgewiesen werden (Tab. 1.1). In den vergangenen 30 Jahren erlangte die Charakterisierung karyotypischer Veränderungen einen enormen Wissensschub in der malignen Forschung [65]. Die Veränderungen des Erbgutes in den entarteten Zelltypen rückt hierbei immer mehr in den Vordergrund, denn die Erkenntnis über betroffene Genbereiche, der involvierten Gene und deren Deregulierung kann als prognostischer und therapeutischer Ansatz dienen.

Translokation	involvierte Gene	Konsequenz	Tumor
t(8;14)(q24;q32) t(2;8)(p12;q24) t(8;22)(q24;q11)	MYC, IGH Locus	Deregulierung von MYC	Burkitt Lymphom
t(8;14)(q24;q11)	MYC, TRA	Deregulierung von MYC	T-ALL
t(14;18)(q32;q21)	IGH, BCL2	Deregulierung von BCL2	Folliküläres Lymphom
t(11;14)(q13;q32)	IGH, CCND1	Deregulierung von Cyclin D1	B-CLL
t(9;22)(q34;q11)	ABL, BCR	Expression des BCR-ABL Fusionsproteins	CML
t(15;17)(q22;q21)	PML, RARA	Expression des PML-RARA Fusionsproteins	APL
t(11;17)(q23;q21)	PLZF, RARA	Expression des PLZF-RARA Fusionsproteins	APL
t(7;9)(q35;34.3)	TRB, NOTCH1	Überexpression der veränderten NOTCH1 Proteins	T-ALL
t(3;14)(q27;q32) t(2;3)(p12;q27) t(3;22)(q27;q11)	BCL6, IGH Locus	Deregulierung von BCL6	B-Zell-Lymphom
t(8;16)(p11;p13)	MOZ, CBPA	Expression des MOZ-C/EBP$_\alpha$ Repressor Fusionsproteins	AML

Tab. 1.1.: Bekannte Translokationen in Leukämien und Lymphomen (T-ALL: Akute Lymphoblastische T-Zell-Leukämie, AML: Akute Myeloische Leukämie, APL: Akute Promyeloische Leukämie, CLL: Chronische Lymphoblastische Leukämie, CML: Chronische Myeloische Leukämie) [86]

Ein Paradebeispiel für eine solche Erkenntnis ist die Translokation t(9;22)(q34;q11). Das Wissen über die hierbei involvierten deregulierten Gene führte zur Herstellung eines Medikamentes, welches bei vielen Patienten mit einer chronisch myeloischen Leukämie (CML) eine lang andauernde Remission erreicht [20]. Die Translokation t(9;22)(q34;q11) führt zu einem verkürzten Chromosom 22, dem sogenannten Philadelphia-Chromosom [49]. Dieses wurde bereits im Jahre

1. Einleitung

1960 von Nowell und Hungerford als erste konstant auftretende chromosomale Veränderung in Patienten mit CML beschrieben [74]. Spätere Analysen zeigten, dass es sich um die reziproke Translokation t(9;22)(q34;q11) handelt [35]. Hierbei kommt es nicht nur zur Zerstörung der beiden betroffenen Gene *BCR* und *ABL*, sondern auch zur Bildung der Fusionsgene *BCR-ABL* auf Chromosom 22 und *ABL-BCR* auf Chromosom 9 [35], [52]. Lediglich das auf Chromosom 22 entstandene *BCR-ABL* Fusionsgen wird in der Zelle transkribiert, wodurch es zur Bildung eines veränderten Proteins kommt [87]. Das *BCR-ABL* Fusionsgen besteht aus dem 5'-Ende des *BCR*-Gens und dem 3'-Endes des *ABL* Onkogens [36]. Dieses Fusionsprotein wurde nicht nur in der CML, sondern auch zu einem geringen Prozentsatz in anderen Leukämien, wie der akuten lymphatischen Leukämie (ALL) oder der akuten myeloischen Leukämie (AML) nachgewiesen [22]. Studien zeigten, dass bei verschiedenen Leukämien mit positivem Philadelphia-Chromosom zwei Arten von chimären BCR-ABL Proteinen auftreten [87], [95].

Das bei dieser Translokation zerstörte *ABL* Gen transkribiert eine Tyrosinkinase, welche bei der Regulation der Zellproliferation eine wichtige Rolle spielt [49]. Bei dieser chromosomalen Veränderung gerät die Tyrosinkinase-Aktivität unter den Einfluss des BCR-Enhancers, was eine unkontrollierte Zellproliferation zur Folge hat [21]. Diese Erkenntnis führte zu einem gewaltigen Fortschritt durch die pharmakologische Entwicklung des Medikamentes Imatinib. Es wird bei Patienten mit positivem Philadelphia-Chromosom als BCR-ABL Tyrosinkinase-Hemmer eingesetzt und kann eine lang anhaltende Remission bewirken [20].

Viele chromosomale Aberrationen finden in genomischen Bereichen statt, in denen eine normale Umordnung der Sequenzen, z.B. für die Bildung der T-Zell-Rezeptoren oder der Immunglobuline, notwendig ist [49]. Treten während dieser Rearrangements Fehler oder zusätzliche chromosomale Brüche im Genom auf, kann dies zu fatalen Veränderungen des Karyotyps führen [49].

So ergaben Untersuchungen, dass die in follikulären Lymphomen häufig vorkommende Translokation t(14;18)(q32;q21) zur Deregulation und Überexpression des anti-apoptotischen Regulationsprotein BCL2 führt, indem der BCL2 Genort unter den Einfluss des Enhancer des Immunglobulingenortes gerät [86].

Ein weiteres Beispiel einer chromosomalen Veränderung ist die Inversion inv(14)(q11q32) bei der akuten lymphatischen T-Zell-Leukämie (T-ALL). Hierbei wird das 5'-Ende des *BCL11B* Gens, das ein Krüppel-Zink-Finger Protein kodiert, zu dem *TRDD3* Fragment des T-Zell-Rezeptor δ (*TRD*) Genortes (14q11.2) verlagert [80]. Das verbleibende 3'-Ende des *BCL11B* Gens wird mit dem *TRDV1* Fragment des *TRD* Genortes zusammengelagert [80]. Als Ergebnis dieser Inversion wurde das *BCL11B-TRDC* Fusionstranskript, bestehend aus den ersten drei Exonen des *BCL11B* Gens und der konstanten Region des *TRD* Genortes nachgewiesen [80]. In den *BCL11B-TRDC* positiven Zellen konnte keine Wild-Typ *BCL11B* Expression gezeigt werden, was für eine vollständige Zerstörung oder Blockierung des Gens spricht [80]. Experimente zeigen, dass ein gezieltes Ausschalten der *BCL11B* Expression durch RNAi selektiv zur Apoptose der transformierten T-Zellen führt, während gesunde T-Zellen nicht betroffen werden [34].

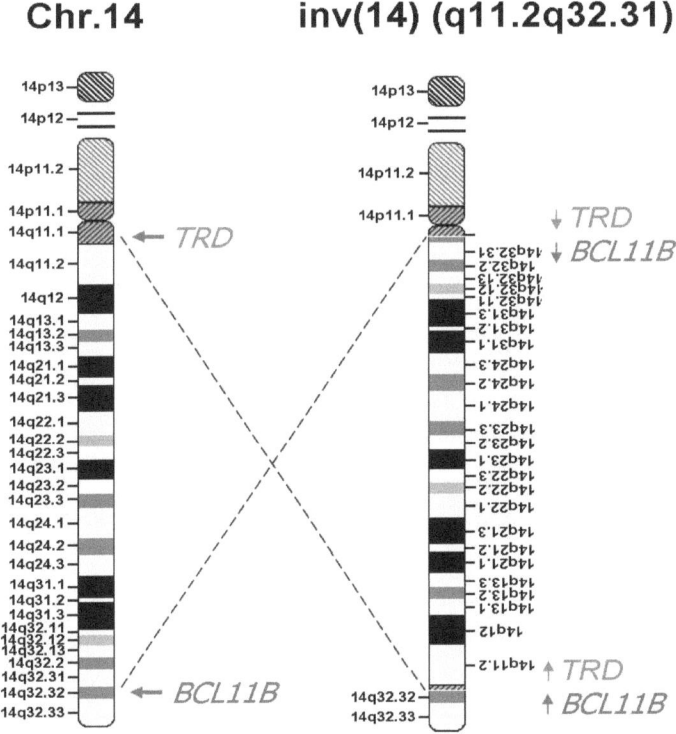

Abb. 1.5.: Inversion inv(14)(q11q32) Das 5'-Ende des *BCL11B* Gens wird mit dem *TRDD3* Fragment des T-Zell-Rezeptor δ (*TRD*) Genortes (14q11.2) und das verbleibende 3'-Ende des *BCL11B* Gens mit dem *TRDV1* Fragment des *TRD* Genortes zusammengelagert. Das Ergebnis dieser Inversion ist das Fusionstranskript *BCL11B-TRDC* [80].

Diese und andere Beispiele zeigen, dass bei der malignen Erkrankung erst eine Charakterisierung genomischer Veränderungen mit involvierten deregulierten Genen notwendig ist, um prognostische und therapeutische Ansätze finden zu können. Diese Erkenntnis hilft so bei der gezielten Bekämpfung entarteter Zellen.

1. Einleitung

1.5. Aufgaben und Ziele

Die Charakterisierung chromosomaler Veränderungen bei T-Zell akuten lymphatischen Neoplasien auf genomischer Ebene und die molekulare Klärung der hierbei involvierten Gene war das Ziel dieser Arbeit. Hierzu wurden die beiden Techniken: Fine Tiling-Comparativen Genomhybridisierung (FT-CGH) und die Ligation mediated-PCR (LM-PCR) eingesetzt. Die Kombination beider Methoden ergänzt nicht nur die konventionelle cytogenetische Analyse mittels der Fluoreszenz *in-situ* Hybridisierung (FISH), sondern erlaubt die Klärung chromosomaler Aberrationen auf molekularbiologischer Ebene.

Durch die Kombination der Verfahren können komplexe Strukturumbauten mit unbalancierten Veränderungen innerhalb des Genoms aufgedeckt werden. Durch den präzisen Nachweis der Bruchpunkte können so beteiligte Gene ermittelt werden.

Die FT-CGH Analysen fanden in chromosomalen Bereichen statt, in denen genomische Umlagerungen erwartet oder cytogenetische Veränderungen durch Vorcharakterisierung mittels FISH beobachtet wurden. Dazu gehören die Bereiche der T-Zell-Rezeptor- oder Immunglobulin-Gene, die oft Orte chromosomaler Veränderungen in lymphatischen Neoplasien sind.

Zunächst sollte die FT-CGH-Analyse Aufschluss über eventuelle Signaldifferenzen geben. Anschließend sollten spezifische LM-PCRs, welche in den beobachteten Bruchpunktgrenzen eingesetzt wurden, die Ursache der detektierten Signalunterschiede klären. Die Durchführung der LM-PCR erforderte das Mitführen einer internen Kontrolle, welche in den untersuchten FT-CGH Bereichen keine genomischen Veränderungen aufwies. Hierzu wurde die Nierenzelllinie HEK 293-T herangezogen.

Die beiden Verfahren wurden bei Zelllinien und Patientenproben angewendet. Hierbei stellte sich die Frage, wie groß der Anteil maligner Zellen einer Patientenprobe sein muss, um den Nachweis und die Klärung genomischer Veränderungen zu gewährleisten.

Ein weiterer Teil dieser Arbeit war die Erstellung einer interaktiven Benutzeroberfläche, welche zur schnelleren und effizienteren Analyse der genomischen Bruchpunkte einzelner Proben und Zelllinien führen sollte. Eine weitere Aufgabe bestand darin, eine verbesserte Darstellung der Daten zu ermöglichen, um so auch kleinste Bruchbereiche analysieren zu können.

2. Materialien

Nachfolgend wurden die bei der vorliegenden Arbeit verwendeten Geräte, Verbrauchsmaterialien, Chemikalien und molekulare Materialien zusammengestellt. Des Weiteren ist in diesem Kapitel eine Liste der untersuchten Zelllinien und Leukämieproben zu finden.

2.1. Geräte

Gerät	Name	Hersteller
Abzug, BDK		Luft- und Reinraumtechnik
Analysewaage	HS-120	OHAUS
Analysewaage	Scout Pro 400 g	OHAUS
Eisfördersystem	AF 10	Scotsman
Gelelektrophoresekammer	Midi Gelelektrophorese	VWR International
Heizblock	Thermodual	Liebisch
Heizblock-Schüttler	Thermomixer comfort	Eppendorf
Magnetrührer	IKAMAG RCT	Janke & Kunkel IKA
Mikrowelle		Microstar
Mono/Bi dest Aufbereitungsanlage	2108	GFL
pH-Meter	pH538 MultiCal	WTW
Pipetten	2, 10, 20, 100, 200, 1000 µl	Gilson
Pipetten	10, 20, 100, 200, 1000 µl	Eppendorf
real time RT-Gerät	7500 Real Time PCR System	Applied Biosystem
Schüttler-Heizgerät	Shaker OV3	Biometra
Stromversorgungsgerät	Power Supply EV231	Consort
Thermocycler	GeneAmp-PCR System 9700	Applied Biosystem
UV-Platte	320 nm	Bachofer
UV-Fotografiereinheit	Geldoc 2000	BIO-RAD
Vortexer	VF2	IKA-Labortechnik
Wasserbad		
Zentrifuge	Biofuge pico	Heraeus
Zentrifuge	Eppendorf 5417R	Eppendorf
Zentrifuge	Galaxi Mini	VWR International
Zentrifuge	Varifuge 3.ORS	Heraeus
Zentrifuge mit Vortexer	CM70M	neoLaB

Tab. 2.1.: Geräte

2.2. Verbrauchsmaterialien

Material	Bezeichnung	Hersteller
Fotopapier	UPP-110 HD (110 mm x 20 m)	Sony
Handschuhe	NitraTex	Ansell
Handschuhe	Peha soft Powderfree	Hartmann
Hautdesinfektion	SoftaseptN	Braun Melsungen AG
Mikrotiterplatte 96 Loch		Nunc
Pipettenspitzen 10 µl	BiosphereFilter Tips	Sarstedt
Pipettenspitzen 10 µl	SafeSeal-Tips professional	Biozym
Pipettenspitzen 20 µl	SafeSeal-Tips professional	Biozym
Pipettenspitzen 100 µl	SafeSeal-Tips professional	Biozym
Pipettenspitzen 200 µl	SafeSeal-Tips professional	Biozym
Pipettenspitzen 1 ml	SafeSeal-Tips professional	Biozym
PCR-Platten	96 Amplate Thin wall PCR Platte	Biodeal
PCR-Röhrchen		Becton Dickinson Labware
PCR-Röhrchen (8-ter)	8er Kette opt. klar fl. Deckel	Sarstedt
PCR-Röhrchendeckel (8-ter)	Optical Caps	Applied Biosystems
Reaktions-Röhrchen 0,5 ml		
Reaktions-Röhrchen 1,5 ml	Reaktionsgefäß	Brand
Reaktions-Röhrchen 2,0 ml	Safe-Lock Tubes 2,0 ml	Eppendorf
RNase-Spray	RNaseZap	Ambion
Röhrchen 15 ml	Röhre 15 ml	Sarstedt
Röhrchen 50 ml	Falcon	Becton Dickinson
RT-Reaktionsplatten	Optical 96-Well Reaction Plate	Applied Biosystems
Schraub-Röhrchen 0,5 ml	Probenröhrchen 0,5 ml steril	Biozym
Schraub-Röhrchen 1,0 ml	Probenröhrchen 1 ml steril	Biozym
Schraub-Röhrchen 1,5 ml	Probenröhrchen 1,5 ml steril	Biozym
Schraub-Röhrchen 2,0 ml	Probenröhrchen 2 ml steril	Biozym
Skalpelle	Präzisa plus	Dahlhausen

Tab. 2.2.: Verbrauchsmaterialien

2.3. Arbeitskits

Verwendung	Bezeichnung	Hersteller
DNA-Extraktion	QIAamp DNA Mini Kit	QIAGEN
Gelextraktion	QIAquick Gel Extraction Kit	QIAGEN
Platinum SYBRGreen	PCR Master Mix	Applied Biosyste
PowerScript	Reverse Transkriptase	Clonetech

Tab. 2.3.: Arbeitskits

2.4. Chemikalien und Reagenzien

Chemikalienname	Formel	Molekulargewicht	Hersteller
2-Propanol	C_3H_7OH	60,10 g/mol	Merck
Aqua ad iniectabilia Braun	H_2O	18,01 g/mol	Braun Melsungen AG
Bromphenolblau	$C_{19}H_9Br_4NaO_5S$	691,94 g/mol	AppliChem
Borsäure	H_3BO_3	61,83 g/mol	GibcoBRL
Chloroform	$CHCl_3$	119,38 g/mol	J.T.Baker
DEPC-Wasser	H_2O	18,01 g/mol	Roth
EDTA Natrium Salz	$C_{10}H_{14}N_2Na_2O_8 \cdot 2H_2O$	372,24 g/mol	USB
Ethanol (99,8 %)	C_2H_6O	46,07 g/mol	Roth
Ethidiumbromid	$C_{21}H_{20}N_3Br$	394,32 g/mol	Sigma-Aldrich Chemie
Glycerin	$C_3H_8O_3$	92,10 g/mol	Roth
Glykogen	$C_6H_{12}O_6$	180,16 g/mol	Merck
Natriumacetat	$C_2H_3NaO_2 3H_2O$	136,08 g/mol	Roth
PBS-Dulbecco			Biochrom AG
peqGOLD Universal Agarose			peqlab
Phenol	C_6H_6O	94,11 g/mol	Ultra Pure
RNase			Sigma-Aldrich Chemie
Salzsäure	HCl	36,46 g/mol	
TRIS	$NH_2C(CH_2OH)_3$	121,14 g/mol	USB
TRIS-Base	$C_4H_{11}NO_3$	121,10 g/mol	Sigma
TRIZOL			Invitrogen

Tab. 2.4.: Chemikalien

2.5. Puffer und Lösungen

Probenpuffer (5-fach)	50 µl	10 % Bromphenol Blau
	500 µl	99 % Glycerol
	50 µl	1-fach TBE
	500 µl	A. dest
TE-Buffer (1-fach)	10 mM	Tris
	1 mM	EDTA
		pH-Wert von 7.5 mit HCl
TBE-Puffer (10-fach)	108 g	TRIS-Base
	55 g	Borsäure
	9,3 g	EDTA-Na_2 Salz
		auf 1 Liter mit A.dest auffüllen
		pH-Wert von 8,2 - 8,4

Tab. 2.5.: Puffer und Lösungen

2.6. Restriktionsenzyme

Bezeichnung	Schnittsequenz	Buffer	Hersteller
DraI	TTT ↓ AAA	M	Roche
EcoRV	GAT ↓ ATC	B	Roche
HindII	GT(T,C) ↓ (A,G)AC	M	Roche
PvuII	CAG ↓ CTG	M	Roche
SmaI	CCC ↓ GGG	A	Roche
StuI	AGG ↓ CCT	B	Roche

Tab. 2.6.: Restriktionsenzyme

2.7. PCR-und RTSQ-PCR Bestandteile

PCR Bestandteile	
Name	Hersteller
Advantage R Ultra Pure dNTP Mix (10 mM each)	Becton Dickinson
10 x Advantage 2PCR Buffer	Becton Dickinson
50 x BD Advantage 2 Polymerase Mix	Becton Dickinson
RTSQ-PCR Bestandteile	
Name	Hersteller
5 x Fisted Buffer	Clonetech
d´NTPs (10 mM each)	Becton Dickinson
DTT	Clonetech
Power Script Transkriptase	Clonetech

Tab. 2.7.: Bestandteile der PCR und RTSQ-PCR

2.8. DNA-Größenstandards

Name	Hersteller
1 Kb DNA Ladder	Invitrogen
1 kb Plus DNA Ladder	Fermentas
High DNA Mass Ladder	Invitrogen

Tab. 2.8.: DNA-Größenstandards

2.9. Zelllinien

CCRF-CEM	Zelltyp:	humane T-Zell-Leukämie
	Herkunft:	peripheres Blut eines 3-jährigen Mädchens mit ALL
	Referenz:	CLS (Tabelle 2.14)
DAOY	Zelltyp:	neuroektodermales Medulloblastonom
	Herkunft:	4-jähriger Junge
	Referenz:	Cohen, N. et al. [18]
DND41	Zelltyp:	humane T-Zell-Leukämie
	Herkunft:	peripheres Blut eines 13-jährigen Jungen mit T-ALL
	Referenz:	DSMZ (Tabelle 2.14)
HPB-ALL	Zelltyp:	humane T-Zell-Leukämie
	Herkunft:	peripheres Blut eines 14-jährigen japanischen Jungen mit ALL und Thymusdrüsenkrebs
	Referenz:	DSMZ (Tabelle 2.14)
HELA	Zelltyp:	Cervix-Karzinom
	Herkunft:	31-jährige Frau mit Adenokarzinom
	Referenz:	DSMZ (Tabelle 2.14)
HEK 293-T	Zelltyp:	embryonale Nierenzelllinie
	Herkunft:	primäre embryonale Nierenzelllinie transformiert mit dem Adenovierus Typ 5 (Ad 5)
	Referenz:	DSMZ (Tabelle 2.14)
INA-6	Zelltyp:	humane Myelom-Zelllinie
	Herkunft:	Patient mit IgG-Kappa Plasmazell-Leukämie
	Referenz:	Burger et al. [10]
Jurkat	Zelltyp:	humane T-Zell-Leukämie
	Herkunft:	peripheres Blut eines 14-jährigen Jungen mit T-ALL
	Referenz:	DSMZ (Tabelle 2.14)
KK1	Zelltyp:	ATL
	Herkunft:	ATL Patient, Infektion mit HTLV-I
	Referenz:	Yamada Y. et al. [102]
PEER	Zelltyp:	humane T-Zell-Leukämie
	Herkunft:	peripheres Blut eines 4-jährigen Mädchens mit T-ALL
	Referenz:	DSMZ (Tabelle 2.14)

Tab. 2.9.: Zelllinien

2.10. Leukämieproben

L124/99	Diagnose:	T-LB
	Herkunft:	2-jähriges Mädchen
	FISH:	*TRA/D*: Bruch in 39% der Zellen; *TRB*: Bruch in 80% der Zellen
	Referenz:	Siebert et.al.
L551/01	Diagnose:	T-PLL
	Herkunft:	50-jähriger Mann
	FISH:	*TRA/D*: Bruch in 89% der Zellen
	Referenz:	Siebert et.al.
274/05	Diagnose:	ähnlich T-PLL, V.a. HTLV-Infektion
	Herkunft:	57-jähriger Mann
	Referenz:	Siebert et.al.
867/05	Diagnose:	T-ALL
	Herkunft:	26-jähriger Mann
	FISH:	*TRA/D*: Bruch in 68% der Zellen
	Referenz:	Siebert et.al.
1365/04	Diagnose:	Sézary Syndrom
	Herkunft:	71-jährige Frau
	FISH:	*TRA/D*: Bruch in 72% der Zellen
	Referenz:	Siebert et.al.
St12973	Zelltyp:	T-ALL
	Referenz:	Schmidt et al.
T033	Zelltyp:	T-ALL
	Referenz:	Schmidt et al.
T045	Zelltyp:	T-ALL
	Referenz:	Schmidt et al.

Tab. 2.10.: Leukämieproben

2.11. Primer

2.11.1. Primer auf gDNA Ebene

Name	Länge	Sequenz (5´- 3´ Orientierung)	Orientierung	T_M in °C
BCL11B-r7	27 bp	gaa cac ttt tgc tct aac gcc act cag	reverse	72,1°C
BCL11B-r8	27 bp	tgt gtc agt aat gag tcc cct ctg cat	reverse	72,1°C
Dδ2-for(-73)	24 bp	ggc agc ggg tgg tga tgg caa agt g	forward	72,1°C
Dδ2-for(-41)	21 bp	aga ggg ttt tta tac tga tgt	forward	55,6°C
DOCK2-f1	28 bp	aag ctt ctc cga tac cca ggt ttc ata a	forward	72,1°C
KCNIP1-r1	24 bp	cat ttg gtg gtg taa gat gct ggc	reverse	71,5°C
KCNIP1-r17	30 bp	cac cct cat tgt gct ctg gtc agc att att	reverse	72,1°C
Jδ1(+189)	27 bp	taa cca tat ttc acc tct tcc cag gag	reverse	70,0°C
PPP2R5C-back-A	25 bp	gcc cat cat atc aca ctc cct aag t	reverse	68,1°C
PPP2R5C-back-B	25 bp	tga act tct gtt ttc ctg aca cag c	reverse	68,7°C
TRAC-r8	30 bp	cac aag gcc gtt cta att ccc tct gac ata	reverse	72,1°C
TRAC-r11	28 bp	ctc tga ggt tct tgg agg ggt ctg tct t	reverse	72,1°C
TRAJ7-back A	25 bp	gtg gtc ctt tgt tca atc tga aat c	reverse	66,4°C
TRAJ7-back B	25 bp	tgg aaa tat gat aag agg ctc tcc a	reverse	65,9°C
TRAJ20-back-A	25 bp	agg gag acg tgt gag gta gaa aaa t	reverse	68,2°C
TRAJ20-back-B	25 bp	agg tga aat tgc tga aaa acc tac c	reverse	68,5°C
TRAJ40-r3	30 bp	tgt tga tga aat act act gaa atg tga gat	reverse	65,2°C
TRAJ40-r4	29 bp	tct atc acg att acc ctc tcc ctc aca gc	reverse	72,1°C
TRAV8-4-f1	30 bp	ggg agc tgt gat gag aac aag agg tca gaa	forward	72,1°C
TRAV8-4-f2	30 bp	ttg aaa ccc ttc aaa ggc aga gac ttg tcc	forward	72,1°C
TRAV39-f3	29 bp	tgt ggt gga atc tgg tct gag gaa tga aa	forward	72,1°C
TRAV39-f4	30 bp	taa agg att aag ttc cct ggc acc ctg gat	forward	72,1°C
TRDV2-f7	30 bp	aat tcc agg tct ggc aca ata tag gtt tct	forward	72,1°C
TRDV2-f8	30 bp	atg aac agt aat att aag gag ggg aag aaa	forward	68,5°C
psJa(+208)	21 bp	cat ggg aat aac tgt agg ctc	reverse	61,2°C
psJa(+126)	22 bp	ggc aca tta gaa tct ctc act g	reverse	60,9°C
Vδ1-for(-275)	20 bp	act caa gcc cag tca tca gt	forward	62,9°C
Vδ1-for(-69)	20 bp	cgt cgc ctt aac cat ttc ag	forward	65,8°C

Tab. 2.11.: Verwendete Primer auf gDNA Ebene

2.11.2. Primer auf cDNA Ebene

Name	Länge	Sequenz (5´- 3´ Orientierung)	Orientierung	T_M in °C
β2MG-f41-62	22 bp	ctc gcg cta ctc tct ctt tct g	forward	66,1°C
β2MG-r188	25 bp	agt caa ctt caa tgt cgg atg gat g	reverse	69,3°C
Ca+113	30 bp	ctt act ttg tga cac att tgt ttg aga atc	reverse	67,9°C
Ca+245	27 bp	aat aat gct gtt gtt gaa ggc gtt tgc	reverse	72,1°C
RT-GABRP-r2	23 bp	tgt cgg agg tat atg gtg gct gt	reverse	69,5°C
RT-DOCK2-f1	23 bp	gag aga acc tcc ttc gtg act gc	forward	68,7°C
PPP2R5C-RT-f1	25 bp	ctg cag aga gct tca gtt tgt ctt t	forward	68,1°C
RT-PPP2R5C-f6	20 bp	att gcc ttt ccc gct gaa gt	forward	68,8°C
TRAV9-2-for-A	25 bp	tgt cca ata tct tgg aga agg tct a	forward	64,3°C
TRAV9-2-for-B	25 bp	cca cat acc gta aag aaa cca ctt c	forward	67,5°C
TRAV16-for-A	25 bp	cta gag aga gca tca aag gct tca c	forward	66,9°C
TRAV16-for-B	25 bp	caa gag gaa gac tca gcc atg tat t	forward	66,8°C

Tab. 2.12.: Verwendete Primer auf cDNA Ebene

2.11.3. Adaptorprimer und Sequenz des Adaptors

Name	Länge	Sequenz (5´- 3´ Orientierung)	T_M in °C
AP1	22 bp	gta ata cga ctc act ata ggg c	57,9°C
AP2	19 bp	act ata ggg cac gcg tgg t	66,8°C
GW1	48 bp	gta ata cga ctc act ata ggg cac gcg tgg tcg acg gcc cgg gct ggt	72,1°C
GW2	8 bp	PH-acc agc cc-NH$_2$	29,8°C

Tab. 2.13.: Sequenzen der Adaptorprimer und des GenomeWalker Adaptors

2.12. Internetseiten von Firmen, Datenbanken und Software

Internetseiten von Firmen

Firma	Quelle
AGOWA	http://www.agowa.de
NimbleGen System Inc.	http://www.nimblegen.com
TIB MOLBIOL	http://www.tib-molbiol.com

Internetdatenbanken

Firma	Quelle
CLS	http://www.cell-lines-service.de
DSMZ	http://www.dsmz.de/index.htm
NCBI-Blast	http://www.ncbi.nlm.nih.gov/BLAST/
UCSC-Blat	http://genome.ucsc.edu/
Wikipedia	http://de.wikipedia.org/wiki/Hauptseite
Atlas of Genetics and Cytogenetics of Oncology and Haematology	http://atlasgeneticsoncology.org

Software

Software	Firma
Chromas (Version 1.55)	Technelysium
EditSeq (Version 5.05)	DNASTAR Inc.
PrimerSelect (Version 5.05)	DNASTAR Inc.
SignalMap (Version 1.8.0.00)	NimbleGen Systems, Inc.

Tab. 2.14.: **Internetseiten von Firmen, Internetdatenbanken, Software**

3. Methoden

3.1. RNA-Isolierung und Analytik

Bei der Isolierung der Ribonukleinsäure (*kurz: RNA, engl. Ribonucleicacid*) wird das *TRIZOL®
Reagent* der Firma Invitrogen verwendet (Siehe Tab.2.4). Mittels dieser Lösung aus Phenol und Guanidin-Isothiocyanat ist man in der Lage die RNA aus 0,5 bis 3×10^6 Zellen zu isolieren. Nach dem Zentrifugieren der Zellen für 5 min bei 500 g wird der Überstand abgenommen und verworfen. Die Lyse erfolgt durch Resupension des Zellpellets in 800 μl Trizol und Inkubation für 5 min bei Raumtemperatur (RT). Durch Zugabe von 200 μl Chloroform und kräftiges Schütteln (15 s) des Reaktionsgefäßes wird die RNA aufgetrennt und anschließend für 3 min bei RT inkubiert. Die darauf folgende Zentrifugation bei 12000 g für 15 min und 4°C bewirkt eine Auftrennung aus organischer Phase (rot, unten) und wässriger Phase inkl. RNA (oben). Die obere Phase wird in ein neues Reaktionsgefäß überführt, 500 μl Isopropanol und 1 μl Glykogen zugefügt und vermischt. Dieser Schritt dient der Ausfällung der RNA. Anschließend erfolgt eine Inkubation für 10 min bei RT und Zentrifugation (10 min, 12000 g, 4°C). Nach Verwerfen des Überstandes wird zu dem verbleibenden Pellet 1 ml 75 %iges Ethanol gegeben um das vorhandene Isopropanol zu entfernen. Nach anschließender Zentrifugation (5min, 7500 g, 4°C) wird der Überstand vorsichtig abgenommen und das RNA Pellet getrocknet. Die RNA wird in 20 μl DEPC (Diethylpyrocarbonat)-Wasser, welches RNAses inaktiviert, aufgenommen und anschließend bei -80°C gelagert.

Die Überprüfung der RNA Qualität und Quantität erfolgt durch das Auftragen von 2 μl RNA zusammen mit 8 μl Wasser und 2 μl 6-fach Elektrophorese-Ladebuffer auf ein 1,5 %iges Agarosegel. Nach erfolgreicher Gelelektophorese ist die intakte Gesamt-RNA als stärkere 28S-rRNA-Bande und eine etwas schwächere 18S-rRNA Bande zu erkennen.

3.2. Reverse Transkription

Für die Expressionsanalyse auf RNA Ebene wird zunächst die unstabile und schnell abbaubare RNA in stabilere cDNA mittels der *PowerScript™ Reverse Transcriptase* der Firma Clonetech umgeschrieben. Hierzu wird je 5 μl der zuvor gewonnenen RNA mit 0,5 μl Random Primer versetzt und für 10 min zu 70°C im PCR-Gerät inkubiert und anschließend auf 4°C heruntergekühlt. Zu der mit Randomprimern gebundenen RNA wird 4,5 μl des folgendem RT-PCR-Ansatzes (Tab.3.1) pipettiert. Dieser Reaktionsansatz durchläuft zum Umschreiben der RNA in cDNA im PCR-Gerät folgendes Programm: Tabelle 3.1.

3. Methoden

Bestandteil	Ansatz je Probe	Programm
5 x Fisted Buffer	2 µl	Umschreibung der RNA: 42°C - 60 min
dNTP´s (10 µM)	1 µl	Transkriptaseinaktivierung: 70°C - 15 min
DTT (100 mM)	1 µl	Runterkühlen: 4°C - ∞
PowerScript Reverse Transcriptase	0,5 µl	

Tab. 3.1.: Ansatz bzw. Programm der Reversen Transkriptase

Anschließend wird die cDNA je nach zuvor ermittelter Bandenstärke der RNA 1:5 bzw. 1:10 mit A.dest verdünnt und bei -20°C gelagert.

3.3. DNA-Isolierung

Bei der Aufreinigung der DNA (engl.: *deoxyribonucleic acid*) kamen zwei Methoden zum Einsatz. Zum Einen die DNA Isolierung mittels des *QIAamp DNA Mini Kits* der Firma Qiagen und zum Anderen die DNA Isolierung nach Gentra. Beide Methoden werden nachfolgend beschrieben.

3.3.1. DNA-Isolierung nach Qiagen

Bei dieser Methode ist man in der Lage pro verwendeter Säule die DNA von maximal 5×10^6 Zellen zu gewinnen. Zunächst werden die Zellen bei 500 g für 5 min zentrifugiert und das Medium verworfen. Das Zellpellet wird mit 10 ml PBS für 5 min bei 500 g gewaschen. Durch die Zugabe von 20 µl Quiagen Protease und dem anschließenden Vortexen des Gemisches werden die Zellen zerstört, wodurch die DNA frei zugänglich vorliegt. Zu diesem Ansatz wird 200 µl des AL-Puffer pipettiert, für 15 s gevortext und anschließend 10 min bei 56°C im Heizblock inkubiert. Nach Zugabe von 200 µl 96 %-igem Ethanol wird der Ansatz erneut gevortext und anschließend auf die dem Qiagen Kit beiliegende Säule gegeben. Durch Zentrifugation bei 6000 g für 1 min wird die DNA an die Säule gebunden. Nach Verwerfen des Durchflusses werden 500 µl des AW1-Puffer hinzupipettiert und erneut zentrifugiert (1 min, 6000 g). Von dem AW2-Puffer werden 500 µl erneut auf die Säule gegeben und für 3 min bei 20000 g zentrifugiert. Zum Eluieren der DNA wird die Säule in ein neues Reaktionsgefäß gestellt, mit 200 µl A.dest versetzt und anschließend für 5 min bei Raumtemperatur inkubiert. Zum Schluss wird die Säule für 1 min bei 6000 g zentrifugiert und das Eluat mit der extrahierten DNA gewonnen. Die Konzentration kann mittels der Gelelektrophorese in einem 0,7 %-igen Agarosegel und durch Mitführen des quantitativen DNA Mass Ladders (Invitrogen) bestimmt werden (Siehe 3.4).

3.3.2. DNA-Isolierung nach Gentra

Bei dieser Isolierungsmethode wird die DNA nicht an Säulen gebundenen und erlaubt die DNA Extraktion aus 1×10^6 bis über $1{,}4 \times 10^7$ Zellen. Das nachfolgende Protokoll bezieht sich auf eine Zellzahl zwischen 7×10^6 und $1{,}4 \times 10^7$. Falls das vorhandene Zellpellet Erythrocyten enthält, werden diese zunächst durch Zugabe von 300 µl RBC Solution zerstört. Das Gemisch wird anschließend für 10 min bei 2000 g bei Raumtemperatur zentrifugiert und anschließend wird der Überstand verworfen. 3 ml des Zelllyse-Puffer werden hinzugegeben und über Nacht bei 37°C im Wasserbad inkubiert. Durch die Zugabe von 15 µl RNase und einer Inkubation von 15-60 Minuten bei 37°C werden vorhandene RNA Partikel zerstört. Von der Protein-Präzipitation-Lösung wird anschließend 1 ml auf das Gemisch gegeben, 20 s gevortext und für 10 min bei 4000 g zentrifugiert. Der klare Überstand wird in ein neues 15 ml Reaktionsgefäß überführt und mit 3 ml 100 %-igen Isopropanol versetzt. Durch mehrmaliges leichtes Schwenken des Reaktionsgefäßes wird die DNA ausgefällt und durch die anschließende Zentrifugation für 5 min bei 4000 g pelletiert. Es folgt die Zugabe von 3 ml eiskaltem 70 %-igen Ethanol und erneuter Zentrifugation (4000 g, 5 min). Der Überstand wird verworfen und das Pellet luftgetrocknet. Anschließend wird die DNA je nach Pelletgröße in 50 - 250 µl 1-fach TE gelöst.

3.4. Gelelektrophorese

Unter dem Begriff Gelelektrophorese versteht man trägergebundene Systeme, welche Biomoleküle ihrer Ladung und Größe nach im elektrischen Feld trennen. Die Wanderung der Nucleinsäuren in Richtung der Anode ist aufgrund des negativ geladenen Zucker-Phosphat-Rückgrat möglich. Das Agarosegel weist eine Netzstruktur auf, welche die Diffusion der Nucleinsäuren ermöglicht. Hierbei kann man die Geschwindigkeit neben der verwendeten Stromstärke auch mittels verschiedene Gel-Konzentrationen beeinflussen, wobei Nucleinsäuren schneller durch schwach konzentrierte Gele als stark konzentrierte Gele wandern. Aufgrund ihrer Länge wandern kleinere DNA Moleküle schneller als größere.

Zur Herstellung eines 1 %-igen Gels wird 1 g Agarose in 100 ml 0,5-fach TBE-Puffer in der Mikrowelle gelöst, anschließend mit 7 µl Ethidiumbromid versetzt und in eine Gießform mit Probenkamm gegossen. Nach dem Aushärten des Gels wird dieses in die Gelelektrophoresekammer mit dem ebenfalls als Laufpuffer verwendeten 0,5-fachen TBE-Puffer gelegt. Vor dem Auftragen der Proben werden diese zunächst mit dem 6-fach Gelbeladungspuffer versetzt. Das Mitführen eines qualitativen Markers (z.B. 1kb Plus Ladder, Invitrogen) erlaubt die Bestimmung der Größe. Die Verwendung des quantitativen Markers (z.B. DNA Mass Ladder, Invitrogen) erlaubt die Bestimmung der Konzentration der aufgetragenen DNA-Proben. Durch das Anlegen einer Spannung von 120 V für etwa 40 min erfolgt die größenmäßige Auftrennung der Nucleinsäuren. Anschließend wird das Agarosegel unter UV-Licht visualisiert und mit der Bio-Rad Software *Quantity-One Version 4.1* ausgewertet.

3.5. Gelextraktion

Die Extraktion von DNA Fragmenten aus Agarosegelen wurde mit Hilfe des *QIAquick Gel Extraction Kit* der Firma Quiagen durchgeführt. Zu 100 mg ausgeschnittenem Gel werden 300 μl Buffer G gegeben und zum Auflösen des Gels im Heizblock 10 min bei 50°C inkubiert. Nach vollständiger Auflösung wird 100 μl Isopropanol hinzupipettiert und diese Mischung auf die dem Kit beiliegenden Säulen gegeben und zentrifugiert. Alle Zentrifugationsschritte werden bei 10000 g für 1 min durchgeführt. Nach Verwerfen des Durchflusses wird die Säule mit 750 μl Buffer E beladen und zentrifugiert. Anschließend wird der Durchfluss verworfen. Zum Eluieren des PCR-Fragmentes, wird im letzten Schritt die Säule in ein neues Reagenzröhrchen gestellt. Zum Schluss wird auf die Membran je nach Bedarf, d.h. nach vorheriger Konzentration des ausgeschnittenen Fragmentes, 30 bis 50 μl A.dest pipettiert und für 1 min bei Raumtemperatur inkubiert und nochmals zentrifugiert.

Zur Überprüfung der Reinheit bzw. der Konzentration des aufgereinigten Fragmentes wird 5 μl des Gelextraktes für die Durchführung der Gelelektrophorese (Siehe 3.4) eingesetzt. Das Mitführen eines quantitativen (DNA Mass Ladder) und qualitativen Größenstandards (1kb Plus Marker) dient der Bestimmung der Konzentration und Größe des aufgereinigten PCR-Fragments. Ebenfalls kann man die Reinheit des Gelextraktes überprüfen, indem keine zusätzlichen Banden bzw. kein Schmier zu beobachten sind.

3.6. Fine Tiling-Comparative Genomhybridisierung

Bei dem Verfahren der Comparativen Genomhybridisierung (kurz: CGH) kann die Vermehrung oder Verminderung des gesamten chromosomalen Erbgutes bezüglich einer verwendeten Kontrollprobe gemessen werden. Bei der Fine Tiling-Comparativen Genomhybridisierung (FT-CGH) können bestimmte chromosomale Abschnitte mit einer erhöhten Auflösung analysiert werden (Siehe 1.3.2).

Für die FT-CGH Analyse werden je 3 μg DNA mit einer Konzentration von 250 ng/μl jeder untersuchten Zelllinie (Tabelle 2.9) bzw. Probe (Tabelle 2.10) benötigt. Zunächst wird die gereinigte DNA an ein Vakuum angeschlossen und eingedampft, um so die gewünschte Konzentration zu erhalten. Die Konzentration wird durch Auftragen von 0,5 μl der jeweiligen DNA auf ein 0.7 %-iges Agarosegel und dem Mitführen des quantitativen DNA Mass Ladders überprüft. Anschließend werden 12 μl der gewünschten DNA mit der Konzentration von 250 ng/μl in sterile Schraubeppis überführt, mit einem von der Firma bereitgestellten Barcode beschriftet und an den NimbleGen Service des Deutschen Ressourcenzentrums für Genomforschung (RZPD) in Berlin versendet.

3.7. Polymerase Kettenreaktion

Die Polymerase Kettenreaktion (engl.: *Polymerase-Chain-Reaction*, kurz: PCR) ermöglicht die enzymatische Herstellung bestimmter Nucleotidsequenzen *in vitro* in millionenfacher Kopienanzahl. Um eine solche Anzahl an gewünschten PCR-Fragmenten zu erhalten, werden die einzelnen Reaktionsabläufe, welche der natürlichen Replikation ähneln, in mehreren Zyklen wiederholt. Für die Durchführung einer PCR, benötigt man die in Tabelle 3.2 mit den jeweiligen Mengenangaben aufgelisteten Bestandteile.

Bestandteil	eingesetzte Konzentration	Volumen je Ansatz
Aqua dest		18,25 µl
Advantage 2PCR Buffer	10-fach	2,5 µl
Advantage R Ultra Pure dNTP Mix	2,5 mM each	2,0 µl
forward Primer	10 µM	0,5 µl
reverse Primer	10 µM	0,5 µl
BD Advantage 2 Polymerase Mix	50-fach	0,25 µl
Gesamtvolumen		24 µl

Tab. 3.2.: **PCR-Ansatz**

Dieser Mastermix-PCR Ansatz wird anschließend mit jeweils 1 µl der zu amplifizierenden DNA Probe, mit einer Konzentration zwischen 50 und 100 ng/µl, versetzt und in das PCR-Gerät gestellt. Im Nachfolgenden ist das Protokoll einer Standard-PCR aufgeführt (Tabelle 3.3), wobei es zur Variation der Annealingtemperatur bzw. der Zykluslänge aufgrund des zu erwartenden PCR Produktes kommen kann.

initiale Denaturierung:	95 °C	3 *min*	
Denaturierung :	95°C	30 *sec*	
Annealing :	68 − 72°C	30 *sec*	25 − 40 *Zyklen*
Elongation :	68°C	1 − 5 *min*	
Kühlung:	4 °C	∞	

Tab. 3.3.: **Standard PCR Programm**

Nach durchgeführter PCR wurden jeweils 10 µl des PCR-Produktes laut Anweisung auf ein 1-1,5 %-iges Agarosegel aufgetragen (Siehe 3.4). Durch das Mitführen des qualitativen Markers konnten die entstandenen PCR Fragmente bestimmt werden.

3.8. Real-time-semiquantitative PCR (RTSQ-PCR)

Diese Technik basiert auf der Kombination aus PCR-Amplifikation und deren unmittelbaren quantitativen Bestimmung im LightCycler PCR Gerät. Bei der Durchführung der RTSQ-PCR wird der *Power SYBR® Green PCR Master Mix* der Firma Applied Biosystem eingesetzt, welcher den Fluoreszenzfarbstoff SYBR Green enthält. Dieser lagert sich unspezifisch in die kleine Furche der in jedem Zyklus entstandenen doppelsträngigen DNA ein. Durch UV-Licht-Anregung in einer bestimmten Wellenlänge ist man in der Lage, die bei jedem Zyklus unmittelbar entstandene Menge doppelsträngiger DNA im LightCycler zu messen. Nach jedem Zyklus nimmt somit die Fluoreszenz proportional mit der Menge der PCR-Produkte zu.

Nachteil dieses Verfahrens ist die unspezifische Anlagerung des SYBR Green Farbstoffes in alle entstandenen PCR Produkte, wodurch diese nicht unterschieden werden können. Um die Messung unspezifischer PCR Produkte auszuschließen, wird eine Schmelzkurvenanalyse durchgeführt bei der kontinuierlich die Temperatur von 60°C bis 95°C erhöht wird. Durch diesen Vorgang wird die zunächst doppelsträngig vorliegende DNA abhängig von deren Größe und je nach erreichter Temperatur denaturiert. Hierbei wird der SYBR Green Farbstoff wieder freigesetzt, was wiederum zu einer messbaren Abnahme der Fluoreszenz führt. Da das amplifizierte PCR Produkt des Zielgens eine spezifische Schmelztemperatur besitzt, können so unspezifisch entstandene Primerdimere mit einem niedrigeren Schmelzpunkt von der Messung ausgeschlossen werden.

Die Durchführung der Real-time-semiquantitative PCR erfolgt auf einer 96-well PCR Platte, bei der die zu analysierenden Proben und die Wasser Kontrollen (engl.: *non template control*, NTC) zweifach aufgetragen werden. Nachfolgend sind die Komponenten eines 25 μl Ansatzes aufgeführt.

Bestandteil	Volumen je Ansatz
Aqua dest	9,5 μl
Platinum/ PowerSYBR	12,5 μl
forward Primer	0,5 μl
reverse Primer	0,5 μl
cDNA-Probe	2,0 μl
Gesamtvolumen	25 μl

Tab. 3.4.: RTSQ-PCR-Ansatz

Dieser Ansatz wird anschließend in den LightCycler (7500 Real Time PCR System) der Firma Applied Biosystem gestellt und das nachfolgende Programm zur Durchführung der RTSQ-PCR gestartet (Tab.3.5).

Uracil-DNA-Glycosylase Aktivierung	50°C - 2 min
initiale Denaturierung	95°C - 10 min
PCR-Zyklus	(95°C - 15 sec, 65°C - 1 min) x 40
Schmelzkurvenanalyse:	
Denaturierung	95°C - 15 sec
Annealing	60°C - 1 min
Denaturierung	95°C - 15 sec
Kühlung	4°C - ∞

Tab. 3.5.: PCR-Programm für die RTSQ-PCR

Nach erfolgreicher RT-semiquantitativer PCR konnte Aussagen über die Quantität des amplifizierten Zielgenes bezogen auf das ebenfalls gemessene β2-Mikroglobulin Referenzgen gemacht werden. Bei dem Referenzgen handelt es sich um ein sogenanntes Haushaltsgen (engl.: *housekeeping gene*), welches unabhängig von Zelltyp, Zellstadium und äußeren Einflüssen exprimiert wird. Das bedeutet, dass die vorliegende Kopienanzahl dieses Gens in allen Zellen relativ konstant vorliegt. Um eine Aussage über die Menge des amplifizierten Zielgenes machen zu können, wurden dessen gemessenen Fragmente auf 100.000 β2-MG Kopien berechnet.

3.9. GenomeWalker

Bei dem Verfahren des GenomeWalker ist man in der Lage unbekannte Sequenzen ausgehend von bereits bekannten Sequenzen zu ermitteln. Hierbei verwendet man genomische DNA, welche man hinsichtlich eventueller Amplifikationen, Deletionen oder Translokationen untersuchen möchte. Die Durchführung der Analyse erfordert zunächst das Schneiden der genomischen DNA durch verschiedenen Restriktionsenzyme. Anschließend erfolgt die Aufreinigung und Ligation des zuvor hergestellten Adaptors an die Enden dieser Restriktionsfragmente. Die verschiedener Restriktionen mit ligierten Adaptoren werden DNA-Bibliotheken genannt. Durch die Kenntnis der Sequenz der genspezifischen Primern, welche sich an die genomische DNA anlagern, ist man in der Lage unbekannte Sequenzen zu analysieren. Nachfolgend sind die ausführlichen Arbeitsschritte für die Herstellung solcher DNA-Bibliotheken zu finden.

3. Methoden

3.9.1. Gewinnung und Überprüfung von genomischer DNA

Zunächst wird die DNA-Isolierung nach Gentra bzw. nach Qiagen durchgeführt (Siehe 3.3) und anschließend qualitativ und quantitativ mit dem DNA Mass Ladder auf einem 0,7 %-igen Gel bestimmt. Dies ist notwendig um den späteren Einsatz der benötigten DNA-Konzentration von 0.8 bis 1 μg zu gewährleisten bzw. um eventuell degradierte DNA Proben auszuschließen. Die nachfolgenden Schritte wurden laut Handbuch des BD GenomeWalker Universal Kits der Firma Biosciences Clontech durchgeführt.

3.9.2. Verdau der genomischen DNA

Zunächst wird die gDNA mit Hilfe verschiedener Restriktionsenzyme, welche glatte Enden erzeugen, geschnitten. Die in dieser Arbeit verwendeten Restriktionsenzyme entsprechen dem Typ II, welche eine spezifische Abfolge von 4, 6 oder 8 Nucleotiden erkennen und innerhalb der auch geschnitten wird. Diese Erkennungssequenzen sind spiegelbildlich („palindromisch"), d.h. sie ergeben von vorne und hinten gelesen die gleiche Sequenz. Außerdem benötigen diese Enzyme außer Magnesium-Ionen keine weiteren Effektoren. Pro Verdau wird die gleiche DNA-Konzentration und ein spezifisches Restriktionsenzym in einem PCR-Reaktionsgefäß nach dem in Tabelle (3.6) dargestellten Schema angesetzt. Es wurden jeweils 6 Restriktionen mit den Enzymen *DraI*, *PvuII*, *EcoRV*, *StuI*, *SmaI* und *HindII* (Siehe Tabelle 2.6) pro zu untersuchender und eingesetzter DNA durchgeführt.

Volumen	Bestandteil	eingesetzte Konzentration
23 μl	A.dest	
10 μl	genomische DNA	0.8 - 1 μg
3 μl	Restriktionsenzym	10 units / μl
4 μl	Restriktionsenzympuffer	10-fach

Tab. 3.6.: Ansatz für den Verdau von genomischer DNA

Dieser Restriktionsansatz wird über Nacht für etwa 14 h bei 37°C in das PCR-Gerät gestellt und anschließend kurz abzentrifugiert. Zur Überprüfung der vollständig geschnittenen DNA, werden hiervon 2 μl auf ein 1 % Agarosegel aufgetragen und dieses für 30 min bei 120 V an eine Stromversorgungsgerät angeschlossen. Bei vollständiger Restriktion ist unter UV-Licht ein gleichmäßiger Schmier der DNA zu erkennen. Ist die DNA vollständig verdaut wird diese durch die nachfolgenden Aufreinigungsschritte von den eingesetzten Restriktionsenzymen und Puffer befreit.

3.9.3. Aufreinigung der geschnittenen DNA

Die Aufreinigung der geschnittenen DNA wird durch die Verwendung von Phenol und Chloroform durchgeführt. Zunächst wird der verbliebene Restriktionsansatz von 38 µl mit der gleichen Menge an Phenol aufgefüllt, gemischt und anschließend bei 10.000 g für 5 Minuten zentrifugiert. Durch die Zentrifugation kommt es zur Bildung zweier Phasen, wobei die obere wässrige Phase die DNA enthält, welche in ein neues Reagenzgefäß pipettiert wird. Dieses wird anschließend mit dem gleichen Volumen (ca. 35 µl) an Chloroform aufgefüllt und gut durchmischt. Nach einem weiterem Zentrifugationsschritt von 10.000 g für 5 Minuten kommt es zur erneuten Phasentrennung. Die obere Phase wird wieder in ein neues Reaktionsgefäß überführt. Hierzu werden jeweils 1 µl Glycogen (20 mg/ ml), 3,5 µl 3 M Na-Acetat (pH = 4,5) und 70 µl eiskaltem 96 %-igen Ethanol hinzupipettiert und leicht durchmischt. Nach der Inkubation für 60 min bei -20°C wird der Ansatz für 20 min bei 20.000 g und 4°C zentrifugiert. Der Überstand wird von dem entstandenen Pellet abgenommen und verworfen. Das Pellet wird mit 100 µl eiskaltem 70 %-igen Ethanol gewaschen und anschließend für 5 min bei 4 °C bei 20.000 g zentrifugiert. Der Überstand wird nochmals abgenommen und das verbliebene Pellet, welches jetzt die geschnittene DNA enthält, wird luftgetrocknet und anschließend in 10 µl einfach TE gelöst.

Die Überprüfung der DNA erfolgt durch das Auftragen von 1 µl der geschnittenen DNA-Fragment-Mischung mit jeweils 3 µl A.dest und 2 µl GBP auf ein 1 %-iges Agarosegel. Dieses wird für ca. eine halbe Stunde bei 120 V einem elektrischen Feld in einer Gelelektrophoresekammer ausgesetzt. Ist unter UV-Licht ein Schmier jeder einzelnen Probe erkennbar, ist genügend DNA vorhanden, um die Adaptorligation durchzuführen.

3.9.4. Herstellung und Ligation des BD GenomeWalker™ Adapters

Bevor der Adaptor an beide Enden der nun vorliegenden geschnittenen genomischen DNA ligiert werden kann, muss dieser zunächst laut Vorschrift des BD GenomeWalker™ User Manuals hergestellt werden.

Herstellung des GenomeWalker™ Adapters
Beim Adaptor handelt es sich um eine doppelsträngige Sequenz, die aus den zusammen gelagerten Sequenzen GW1 und GW2 (Siehe unten) besteht und als einzelne Primer bei der Firma TIB MOLBIOL bestellt wurden (Tab.2.14).

Genome-Walker Sequenz 1 (GW1):

5´- gTAATACgACTCACTATAgggCACgCgTggTCgACggCCC**gggCTggT** - 3´

GenomeWalker Sequenz 2 (GW2):

5´- PH-**ACCAgCCC**-NH$_2$

3. Methoden

Die Besonderheit der *GW2* Primersequenz ist dessen Markierung am 5'-Ende mit einer Phosphatgruppe (PH) und einer NH_2 Aminogruppe am 3'-Ende. Die fett markierte Sequenz des *GW1* Primers ist komplementär und reverse zu der ebenfalls fett markierten Sequenz des *GW2* Primers. Diese Eigenschaften führen zunächst zur Zusammenlagerung des *GW1* Primers mit dem GW2 Primer, um so die Grundlage des später verwendeten Adaptors zu bilden. Die Markierung ermöglicht die anschließende Ligation an die Enden der zuvor geschnittene DNA.

Für die Zusammenlagerung der beiden Primer *GW1* und *GW2* werden die in der nachfolgenden Tabelle 3.7 enthaltenen Komponenten in einem PCR Reaktionsgefäß pipettiert und das beschriebene Programm durchgeführt.

Volumen	Bestandteil	eingesetzte Konzentration
25 µl	A.dest	-
25 µl	GW1	100 µM
25 µl	GW2	100 µM
25 µl	TRIS (pH=7,7)	1 M
Primer-Denaturierung:		90°C - 5 min
Primer-Anlagerung:		60°C - 5 min
Runterkühlen:		55°C - 30 sec, 50°C - 30 sec, 45°C - 30 sec
		40°C - 30 sec, 35°C - 30 sec, 4°C - ∞

Tab. 3.7.: **Ansatz und Programm für die Herstellung des Adaptors**

Dieser hergestellte Adaptor wird anschließend an beide Enden der zuvor geschnittenen genomischen DNA ligiert. Der fertig präparierte Adaptor wird bei -20°C gelagert.

Ligation des GenomeWalker™ Adapters an die geschnittenen DNA

Die Ligation des Adaptors an die geschnittene DNA erfolgt bei 16°C über Nacht im PCR-Gerät. Hierzu wird zunächst folgender Ligationsansatz (Siehe 3.8) pro geschnittener DNA benötigt und in PCR Reaktionsröhrchen angesetzt und nachfolgendes Programm durchgeführt.

Volumen	Bestandteil	eingesetzte Konzentration
9 µl	gereinigte DNA	0.8 - 1 µg
2 µl	präparierter Adaptor	50 µM
1,5 µl	Ligationsbuffer	10-fach
2 µl	T4-Ligase	3 U / µl
0,5 µl	A.dest	
Ligation des Adaptors:		16°C - 14 h
Inaktivierung der T4-Ligase:		70°C - 5 min
Runterkühlen:		4°C - ∞

Tab. 3.8.: **Ansatz und Programm für die Ligation des GW-Adaptors**

Das kurzzeitige Erhitzen des Ansatzes auf 70°C dient der Zerstörung und somit der Inaktivierung des T4-Ligase Enzymes. Abschließend wird der Ansatz der geschnittenen DNA, welche an den Enden den ligierten GW-Adaptor enthält, mit 55 µl einfach TE aufgefüllt und bei 4°C gelagert.

Bei der späteren Durchführung der Ligation mediated-PCR (kurz: LM-PCR) werden jeweils 0,5 µl jeder nun fertig präparierten DNA Bibliothek eingesetzt. Der hergestellte Adaptor, dargestellt in der Abb.3.1, enthält die bei der LM-PCR später eingesetzten Sequenzen der Primer AP1 und AP2.

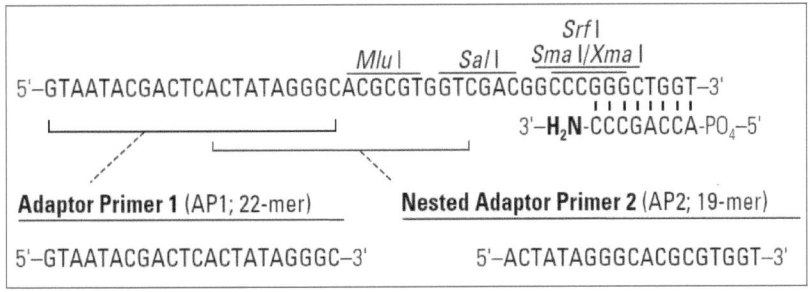

Abb. 3.1.: **GenomeWalker Adaptor** Der längere GW1 Primer hat sich im Bereich der *GGGCTGGT* Nucleotide mit der komplementären Sequenz des GW1 Primers zusammengelagert. Durch das entstandene glatte Ende, welches die Phosphatgruppe PO_4 enthält, wurde der Adaptor an die geschnittenen DNA Fragmente ligiert. Für die später durchgeführten PCRs enthält der Adaptor die Sequenz des AP1 (1.PCR Runde) und AP2 (2.PCR Runde). (aus: BD GenomeWalker™ Univeral Kit User Manual)

3. Methoden

3.10. LM-PCR

Durch die Ligation mediated-PCR (kurz:LM-PCR) ist man in der Lage ausgehend von einer bekannten Sequenz unbekannte Sequenzen mit Durchführung einer nested PCR zu analysieren. Das Prinzip des Verfahrens ist in der Abbildung 3.2 schematisch dargestellt.

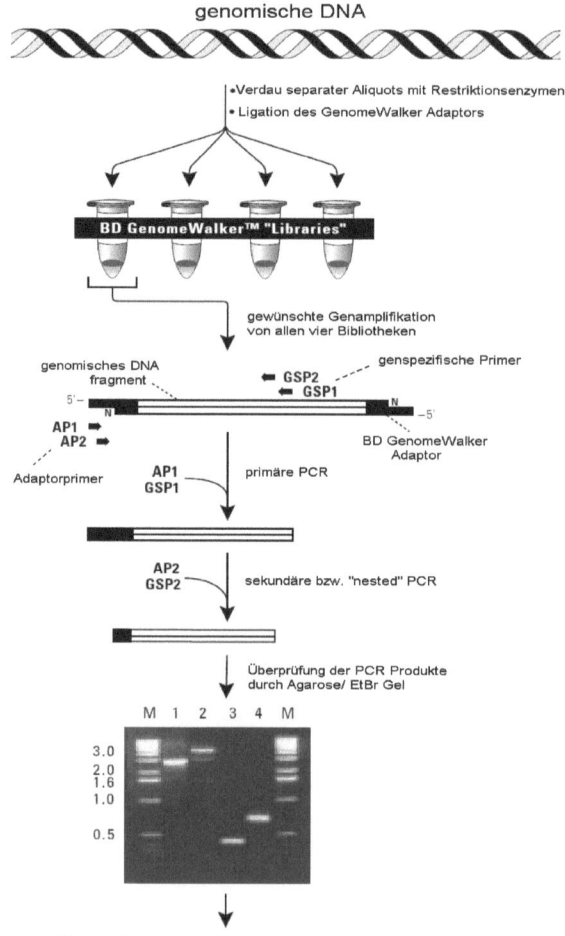

Abb. 3.2.: GenomeWalker™ Verfahren Die genomische DNA, mit verschiedenen Restriktionsenzymen verdaut und ligiertem Adaptor, wird in eine 2 Runden PCR eingesetzt. Durch Verwendung von Adaptor- und genspezifischen Primer und Berechnung der Restriktionsschnittstellen wird eine Keimband-Bibliothek erstellt. Bei Verschiebung der Restriktionsschnittstellen, durch chromosomale Ereignisse werden atypische PCR Fragmente erhalten. (aus: BD GenomeWalker™ Univeral Kit User Manual)

3.10. LM-PCR

Durch die vorherige Anlagerung des Adaptors an die Enden der geschnittenen genomische DNA ist man bei der PCR Durchführung in der Lage atypische PCR-Banden zu erhalten, welche sich aufgrund der Verschiebung von Restriktionsschnittstellen ergeben. Diese atypischen Banden entsprechen nicht der errechneten Fragmentlänge zwischen genspezifischen Primern und Adaptorprimern, welche sich an der nächstliegenden Restriktionsschnittstelle befinden müssten. Solche Schnittstellenverschiebungen entstehen zum einen durch vorhandene Mutationen im Bereich der Restriktionsschnittstelle, wodurch diese nicht erkannt werden, zum anderen durch genomische Veränderungen. Die LM-PCR dient der Suche nach atypischen Fragmenten aufgrund verschobener Restriktionsschnittstellen, welche durch genetische Veränderungen, z.B. Deletionen, Amplifikationen oder Translokationen entstanden sind. Dadurch ist man in der Lage eventuelle Umlagerungen innerhalb des Genoms aufzuspüren.

3.10.1. Durchführung der LM-PCR

Zunächst wird die PCR (Tab. 3.9) als 13-facher Ansatz für die erste PCR Runde mit AP1 und GSP1 und für die zweite PCR Runde mit AP2 und GSP2 hergestellt. Diese Ansatzmenge ist notwendig, da jede untersuchte Probe bzw. Kontrolle jeweils durch 6 verschiedenen Restriktionen vorliegt und zudem eine Negativ-Kontrolle des Mastermixes mitgeführt wird. Die Negativ-Kontrolle dient zum Ausschluss der Kontamination mit eventueller Fremd-DNA bzw. PCR-Fragmenten.

Bestandteil	eingesetzte Konzentration	Volumen je Ansatz
Aqua dest		18,55 μl
Advantage 2PCR Buffer	10-fach	2,5 μl
Advantage R Ultra Pure dNTP Mix	2,5 mM each	2,0 μl
Primer AP1 *(AP2)*	10 μM	0,5 μl
Primer GSP1 *(GSP2)*	10 μM	0,5 μl
BD Advantage 2 Polymerase Mix	50-fach	0,25 μl
Gesamtvolumen		24,5 μl

Tab. 3.9.: PCR-Ansatz für die LM-PCR
In die erste PCR Runde wird der Adaptorprimer 1 *(AP1)* und der genspezifische Primer 1 *(GSP1)* eingesetzt. Für die zweite PCR Runde werden die Primer AP2 und GSP2 benötigt, wodurch eine verschachtelte nested PCR gewährleistet wird.

Beim Ansatz der PCR ist es unerheblich in welcher Orientierung die genspezifischen Primer (GSP1, GSP2) vorliegen, da die Adaptorprimer (AP1, AP2) gleichzeitig als forward (5´-3´- Richtung) bzw. reverse (3´- 5´- Richtung) Primer dienen können. Dadurch wird eine Amplifikation zwischen genspezifischen und adaptorspezifischen Primern immer gewährleistet.

Je 24,5 μl dieses PCR-Ansatzes werden anschließend auf 13 PCR Reaktionsröhrchen ver-

3. Methoden

teilt. Nachfolgend wird in jedes (außer in die Negativ-Kontrolle) 0,5 µl der vorliegenden geschnitten DNA der zu untersuchenden Probe und der ebenfalls als GenomeWalker Bibliothek vorliegenden Kontrolle pipettiert. Dieser Ansatz wird dann folgendem PCR-Programm ausgesetzt:

> 95°C - 3 min
> (95°C - 30 sec, 70-72°C - 30 sec, 68°C - 5 min) x 7
> (95°C - 30 sec, 68-70°C - 30 sec, 68°C - 5 min) x 32
> 4°C - ∞

Tab. 3.10.: PCR-Programm für die erste LM-PCR

Bei der Durchführung der LM-PCR und der Ermittlung von Umlagerungen ist eine zweite PCR (sogenannte nested PCR) notwendig. Dies dient der Erhöhung der PCR-Spezifität, da der erste genspezifische Primer neben der spezifischen Bindung im Genom zu hoher Wahrscheinlichkeit auch unspezifisch im Genom binden kann. Das Programm der nested PCR-LM PCR wird folgendermaßen durchgeführt.

> 95°C - 3 min
> (95°C - 30 sec, 70-72°C - 30 sec, 68°C - 5 min) x 5
> (95°C - 30 sec, 68-70°C - 30 sec, 68°C - 5 min) x 23
> 4°C - ∞

Tab. 3.11.: PCR-Programm für nested LM-PCR

Nach durchgeführter nested LM-PCR erfolgt die Gelelektrophorese unter Mitführen eines quantitativen Markers laut Vorschrift (Siehe 3.4). Hierzu werden je 10 µl jeder Probe mit 2 µl Gelbeladungspuffer versetzt und auf ein 1,5% Agarosegel aufgetragen. Nach erfolgreicher Gelelektrophorese werden die atypischen Fragmente der untersuchten Probe im Vergleich zu den Keimband-PCR Fragmenten der Kontrolle für die weitere Analyse vom Gel ausgeschnitten.

3.11. Erkennen und Ausschneiden atypischer PCR-Fragmente

Atypische PCR-Fragmente der LM-PCR werden zum einen durch das Mitführen der embryonalen Nierenzelllinie HEK 293-T als Kontrolle und zum anderen durch die Berechnung der Länge der zu entstehenden PCR-Fragmente ermittelt. Durch die Verwendung eines genspezifischen Primers in

Kombination mit dem Adaptorprimer können so atypische Banden in den untersuchten Zelllinien bzw. Patientenproben errechnet werden. Die Abbildung 3.3 zeigt am Beispiel der DAOY-Zelllinie die Analyse von atypischen Banden, welche aufgrund der veränderten Restriktionsschnittstellen entstanden sind.

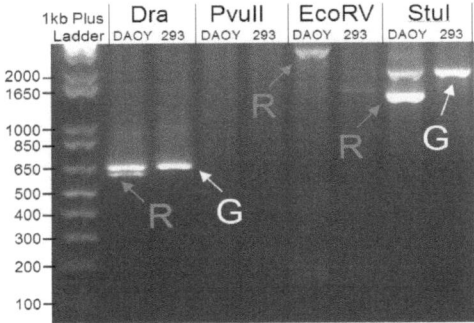

Abb. 3.3.: Ergebnis der LM-PCR im Bereich 5q35.1 am Beispiel der DAOY-Zelllinie
Aufgetragene PCR-Produkte der nested PCR mit den Primern KCNIP-r17/AP2. Bei der DAOY wurden bei *DraI*, *EcoRV* und *StuI* atypische Banden (R) beobachtet. Diese wurden vom Gel ausgeschnitten, aufgereinigt und anschließend sequenziert. (Siehe Kapitel 5.1 für ausführliche Ergebnisse)

Atypische PCR-Fragmente werden für die weitere Analyse zunächst mit einem sterilen Einweg-Skalpell unter UV-Licht ausgeschnitten und in ein steriles 2 ml Reagenzröhrchen gegeben. Zur weiteren Analyse dieser Fragmente wird nachfolgend die Gelextraktion (Siehe Kapitel 3.5) laut Vorschrift durchgeführt.

3.12. Sequenzierung atypischer PCR-Fragmente

Nach der Aufreinigung der atypischen PCR-Fragmente, der Überprüfung der Konzentration, Reinheit und Größe, wird das Gelextrakt in beschriftete sterile Schraubröhrchen umpipettiert und der Firma AGOWA zum Sequenzieren geschickt. Die für die Herstellung der PCR-Fragmentes verwendeten Primer in der Konzentration 10 μM (je 10 μl pro Sequenzierung) werden ebenfalls in Schraubeppis der Sendung beigefügt. Diese sind als Ausgangssequenz für die Sequenzierung notwendig.

Die Ergebnisse sind nach etwa 2-3 Werktagen im Internet unter der AGOWA Firmenseite abrufbar (Tab.2.14) und werden mit dem Chromas Programm einzeln eingelesen (Tab.2.14). Mit diesem Programm kann man die Abfolge der Nucleotide grafisch darstellen und auslesen (Abb.3.4).

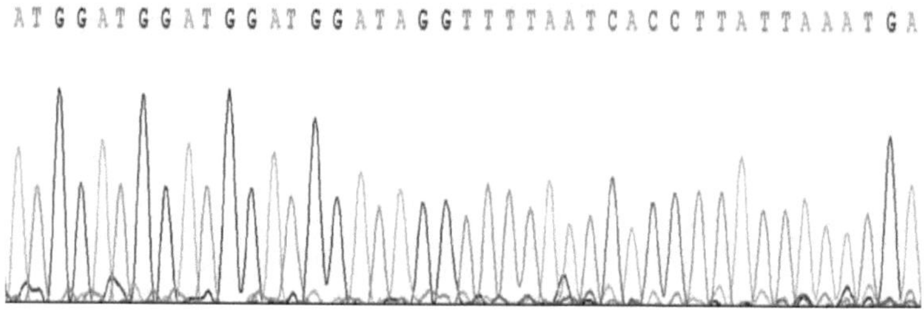

3. Methoden

ATGGATGGATGGATGGATAGGTTTTAATCACCTTATTAAATGA

Abb. 3.4.: Sequenzierausschnitt der Zelllinie DND41 im Chromas Programm

Die Sequenzen werden aus dem Chromas Programm exportiert, in ein Microsoft Word Dokument eingefügt und anschließend mit Hilfe der Internetdatenbanken BLAT und BLAST (Tab.2.14) ausgewertet.

4. Statistische Analyse der Rohdaten

In diesem Kapitel werden die von der Firma NimbleGen zur Verfügung gestellten Rohdaten betrachtet und so normiert, dass diese in einer interaktiven Benutzeroberfläche eingeladen und ausgewertet werden konnten. Dies diente der schnelleren und präziseren Untersuchung der zu analysierenden Bruchpunkte und sollte die Schwachpunkte der von der NimbleGen vorgegebenen Software SignalMap eliminieren.

4.1. Umfang der FT-CGH Analysen

Das Prinzip der *Comparativen Genomhybridisierung* (CGH) besteht darin, die DNA Menge von Kontrolle (bzw. Referenz) und Probe zu gleichen Teilen auf einen gemeinsamen Affymetrix Chip zu hybridisieren (Siehe Kapitel 1.3.2). Durch die vorherige Markierung der Kontroll-DNA durch den roten Fluoreszenzfarbstoff *Cy5* und der Proben DNA durch den grünen *Cy3* Farbstoff können Veränderungen der DNA Mengen beider analysierten Proben gemessen werden. Dies wird durch die Anregung beider Fluoreszenzfarbstoffe durch verschiedene Wellenlängen ermöglicht: *Cy5* bei 635 nm und *Cy3* bei 532 nm. Die anschließende separate Messung beider Fluoreszenzintensitäten und Aufrechnung dieser gegeneinander erlaubt die Ermittlung der DNA Variabilitäten in den analysierten genomischen Bereichen. Bei der regulären CGH wird das komplette Genom mit einer niedrigen Auflösung abdeckt, während bei der Fine Tiling-CGH (kurz: FT-CGH) ausgewählte genomische Bereiche hochauflösend analysiert werden können.

Bei der in unserem Labor durchgeführte und als dritte bezeichnete FT-CGH Analyse wurde sieben mal die gleiche Referenz, die Nierenzelllinie HEK 293-T, mit sieben verschiedenen Proben hybridisiert (Siehe Tab.4.1). Bei der vierten FT-CGH Analyse wurde ebenfalls die HEK 293-T als Kontrolle eingesetzt. Hierbei wurden insgesamt 10 verschiedene Proben hinsichtlich des genetischen Materials untersucht.

Der rote *Cy5* Farbstoffes der Referenz wurde durch den Code „_635" und der grüne *Cy3* Fluoreszenzfarbstoff der Proben durch „_532" gekennzeichnet (Siehe Tab.4.1). Dies zeigt an, dass die Daten des *Cy5* Farbstoffes bei einer Wellenlänge von 635 nm und die des *Cy3* Farbstoffes bei 532 nm ausgelesen wurden.

Probenübersicht der 3. Analyse

Kontrolle	Chipnummer	Abk.	zugehörige Probe	Chipnummer	Abk.
HEK 293-T	64070_635	a_1	T033	64070_532	b_1
HEK 293-T	74010_635	a_2	DAOY	74010_532	b_2
HEK 293-T	74012_635	a_3	CCRF-CEM	74012_532	b_3
HEK 293-T	74013_635	a_4	DND41	74013_532	b_4
HEK 293-T	74014_635	a_5	PEER	74014_532	b_5
HEK 293-T	74015_635	a_6	INA-6	74015_532	b_6
HEK 293-T	77422_635	a_7	T045	77422_532	b_7

Probenübersicht der 4. Analyse

Kontrolle	Chipnummer	Abk.	zugehörige Probe	Chipnummer	Abk.
HEK 293-T	113200_635	c_1	L551/01	113200_532	d_1
HEK 293-T	113207_635	c_2	1365/04	113207_532	d_2
HEK 293-T	116564_635	c_3	KK1	116564_532	d_3
HEK 293-T	116566_635	c_4	DND41	116566_532	d_4
HEK 293-T	1132072_635	c_5	867/05	1132072_532	d_5
HEK 293-T	1152892_635	c_6	274/05	1152892_532	d_6
HEK 293-T	1164402_635	c_7	HPB-ALL	1164402_532	d_7
HEK 293-T	1165622_635	c_8	CCRF-CEM	1165622_532	d_8
HEK 293-T	1165642_635	c_9	L124/99	1165642_532	d_9
HEK 293-T	1132092_635	c_10	St12973	1132092_532	d_10

Tab. 4.1.: Probenübersicht der dritten und vierten FT-CGH Analyse
Oben: Bei der dritten Analyse wurden 7 verschiedene Proben mit jeweils der gleichen Referenz, der Nierenzelllinie HEK 293-T, hybridisiert. Unten: Bei der vierten Analyse wurden insgesamt 10 Proben hinsichtlich genomischer Veränderungen untersucht, welche ebenfalls gegen die HEK 293-T als Kontrolle hybridisiert wurden. Die mit $Cy5$ markierte Kontroll-DNA wurde durch eine Wellenlänge von 635 nm angeregt und deren Signalintensitäten ausgelesen. Bei der Proben-DNA wurde der grüne $Cy3$ Farbstoff verwendet, welcher bei der Wellenlänge von 532 nm angeregt und anschließend ausgelesen wurde.

4.2. Untersuchte genomische Bereiche der FT-CGH Analysen

In der dritten FT-CGH Analyse wurden insgesamt 24,097M (Millionen Basen, Megabasen), bei der vierten Analyse 22,220M des menschlichen Genoms hinsichtlich genetischer Variationen untersucht. Beide Analysen umfassten die folgenden 12 chromosomalen Bereiche:

Genomische Bereiche der 3.Analyse

Chr.	Region	Bereich	Position
2	88,950,001 - 90,000,000	IGK	2,088,950,001 - 2,090,000,000
5	170,000,001 - 173,000,000	NKX2-5	5,170,000,001 - 5,173,000,000
6	29,354,001 - 33,294,000	MHC	6,029,345,001 - 6,033,294,000
	100,523,001 - 103,750,000	GRIK2	6,100,534,001 - 6,103,750,000
	155,300,001 - 161,100,000	TIAM2-PLG	6,155,300,001 - 6,161,100,000
7	38,040,001 - 38,190,000	TRG	7,038,040,001 - 7,038,190,000
	141,430,001 - 142,080,000	TRB	7,141,430,001 - 7,142,080,000
14	21,130,001 - 22,130,000	TRA/D	14,021,130,001 - 14,022,130,000
	35,800,001 - 36,200,000	NKX2-8	14,035,800,001 - 14,036,200,000
	97,000,001 - 99,000,000	BCL11B	14,097,000,001 - 14,099,000,000
	105,080,586 - 106,360,585	IGH	14,105,080,586 - 14,106,360,585
22	20,400,001 - 22,000,000	IGL	22,020,400,001 - 22,022,000,000

Genomische Bereiche der 4.Analyse

Chr.	Region	Bereich	Position
2	88,892,001 - 89,942,000	IGK	2,088,892,001 - 2,089,942,000
5	168,500,001 - 174,500,000	NKX2-5	5,168,500,001 - 5,174,500,000
6	29,354,001 - 33,294,000	MHC	6,029,354,001 - 6,033,294,000
	157,680,001 - 161,180,000	ZDHHC14-PLG	6,157,680,001 - 6,161,180,000
7	38,193,001 - 38,393,000	TRG	7,038,193,001 - 7,038,393,000
	141,623,001 - 142,273,000	TRB	7,141,623,001 - 7,142,273,000
10	41,500,001 - 42,100,000	Chr.10	14,041,500,001 - 14,042,100,000
14	21,130,001 - 22,130,000	TRA/D	14,021,130,001 - 14,022,130,000
	35,800,001 - 36,200,000	NKX2-8	14,035,800,001 - 14,036,200,000
	97,000,001 - 99,000,000	BCL11B	14,097,000,001 - 14,099,000,000
	105,080,586 - 106,360,585	IGH	14,105,080,586 - 14,106,360,585
22	20,405,001 - 22,005,000	IGL	22,020,405,001 - 22,022,005,000

Tab. 4.2.: Untersuchte genomische Bereiche der FT-CGH Analysen
Oben: Bei der 3.Analyse wurden insgesamt 24,097M des menschlichen Genoms, bei der 4.FT-CGH Analyse 22,220M (**unten**) untersucht. Beide Analysen umfassten 12 Genorte, welche sich zwischen den Analysen hinsichtlich ihrer Lage im Genom unterschieden.

Die ausgelesenen Signalwerte der Kontrollen und Proben wurden von der Firma NimbleGen als separate pair-Dateien gespeichert. Zusätzlich standen die durch die Firma normalisierten und berechneten Daten im gff-Format für das SignalMap Programm zur Verfügung, welches im Labor

4. Statistische Analyse der Rohdaten

verwendet wurde (Siehe Tabelle 2.14). In der Praxis zeigten sich einige Nachteile des verwendeten SignalMap Programms. Zum Einen ließ die Probendarstellung und deren Auswertung keinen Spielraum für eigene Analysen. Zum Anderen konnten bestimmte Bruchgrenzen genomischer Veränderungen nicht ermittelt werden. Um dies zu beheben, wurden die originalen Signalintensitäten der pair-Dateien nachfolgend durch Matlab normiert und so berechnet, dass diese in einem durch Matlab erstellten interaktiven Programm untersucht werden konnten.

Die Darstellung der unnormierten Signalwerte und die Auswirkungen der durchgeführten Normierungen werden nachfolgend an den Daten der 3.FT-CGH Analyse diskutiert. Die durchgeführten Normierungen wurden für die 4.Analyse übernommen.

4.3. Unnormierte Daten

Um einen Überblick über die vorliegende Verteilung der Signalintensitäten der Kontrollen und Proben der einzelnen pair-Dateien zu bekommen, wurde nachfolgend die Boxplot Darstellung am Beispiel der dritten Analyse gewählt. Dies erlaubt eine Übersicht über den Median, die Lage der Quantile, sowie eventuelle Ausreißer und Extremwerte der Daten. Die dritte FT-CGH Analyse umfasste jeweils 385109 Messwerte, während in die vierte Analyse 384912 Messwerte flossen.

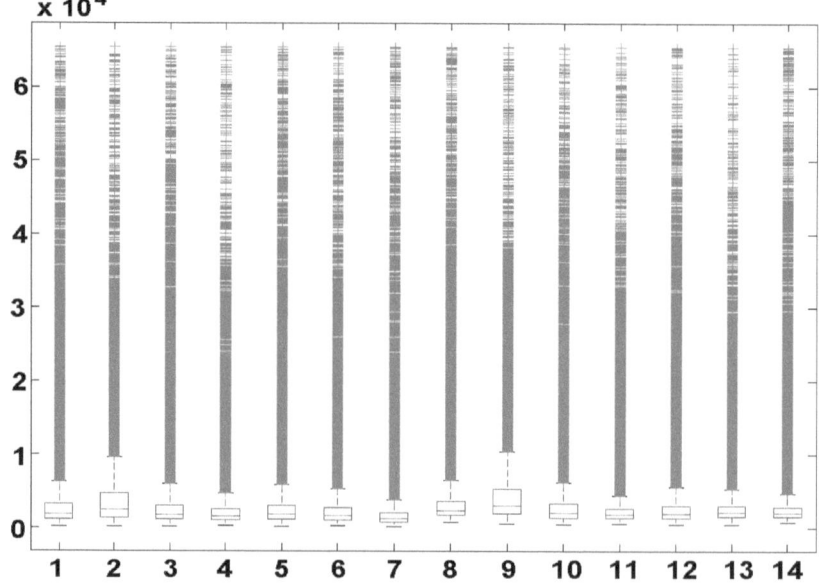

Abb. 4.1.: Unnormierte Messwerte der Kontrollen und Proben der 3.Analyse: Die Signalintensitäten der Kontrollen sind durch die Boxplots 1-7, die der analysierten Proben durch die Boxplots 8-14 dargestellt. Bei dieser Analyse flossen jeweils 385109 Messwerte ein.

Zur besseren Darstellung der vorliegenden Messwerte wurden die Signalintensitäten der pair-Dateien logarithmiert. Durch die Verwendung des dekadischen Logarithmus (log10) ergibt sich ein ausgeglichener Wertebereich, wie in der Abbildung 4.2 zu erkennen ist.

Logarithmierte unnormierte Daten

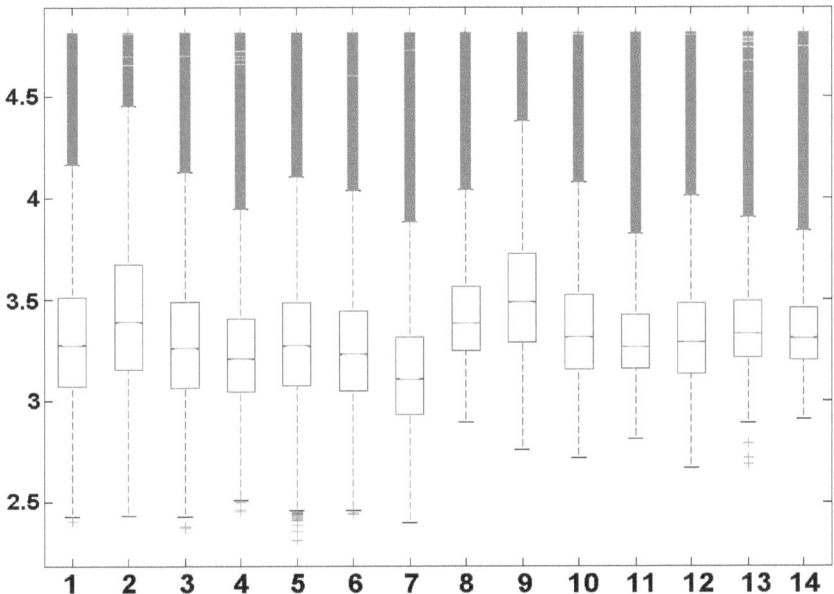

Abb. 4.2.: Logarithmierte unnormierte Werte der Kontrollen und Proben der 3.Analyse: Die Werte der Kontrollen sind durch die Boxplots 1-7, die der analysierten Proben durch die Boxplots 8-14 dargestellt.

Die obigen Boxplots zeigen deutlich die vorherrschenden Schwankungen der Signalwerte zwischen den einzelnen Kontrollen und Proben. Des Weiteren ist ein Zusammenhang zwischen den stärkeren Signalintensitäten der Kontrollen und deren zugehörigen Proben erkennbar (Vergleich: Boxplot 1 und 8 bzw. Boxplot 2 und 9). Um die Signalunterschiede zwischen Kontrollen und Proben zu beseitigen und so den späteren Datenvergleich zwischen den einzelnen Proben zu gewährleisten, wurde eine geeignete Normierung benötigt.

4.4. Normierung der Daten

Um die bestehenden Signalschwankungen zwischen den Proben und Kontrollen am effektivsten zu beseitigen, wurde nachfolgend die Normierung mittels der Berechnung der prozentualen Häufigkeit durchgeführt.

4.4.1. Normierung durch die prozentuale Häufigkeit

Hierbei wurde jede Signalintensität durch die Summe der Signalintensitäten des zugehörigen Chips dividiert.

$$\frac{Signal_j}{\sum_{i=1}^{n} Signal_i} * 100 \quad mit\ j,\ i\ \in\ (1,...,n) \tag{4.1}$$

Die Durchführung dieser Berechnung führt zur Angleichung der zuvor schwankenden Signalwerte aller Chips. Die Abbildung 4.3 auf logarithmischer Skala zeigt, dass sich die Medianwerte nach der Normierung zwischen -3,7 und -3,8 und die Werte zwischen dem 25% und 75% Perzentil zwischen -3,5 und -4 befinden.

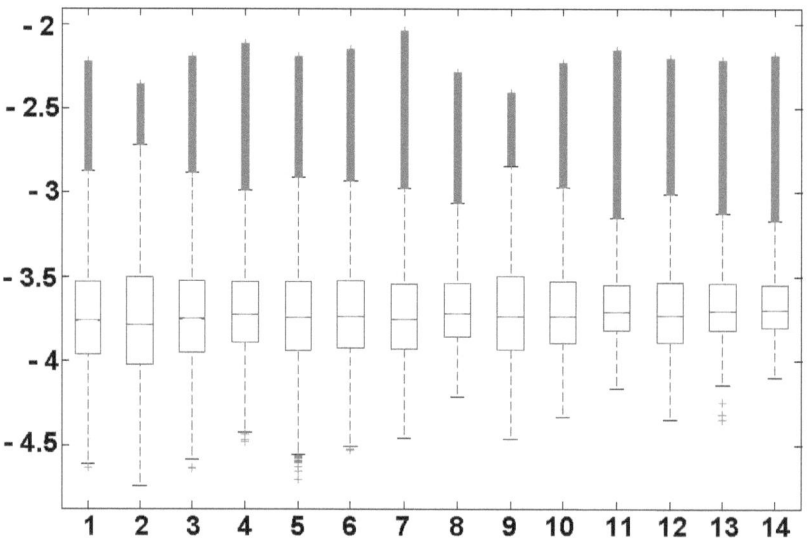

Abb. 4.3.: **Normierung der Daten mittels der prozentualen Häufigkeit:** Normierte Signalwerte der Referenzen: Boxplot 1-7, normierte Signalwerte der Proben: Boxplot 8-14. auf logarithmischer Skala werden durch die Berechnung angeglichen.

4.4. Normierung der Daten

Durch die Normierung mittels der prozentualen Häufigkeit wurde die Summe der Signalintensitäten jedes einzelnen Chips auf 100 % gesetzt und anschließend wurden die Daten logarithmiert. Abgesehen von dem Faktor 100, erfolgte somit die Normierung indem der Logarithmus der Summe aller Intensitäten von den einzelnen logarithmierten Signalintensitäten abgezogen wurde.

Die bestehenden leichten Schwankungen der Medianwerte zwischen den einzelnen Chips wurden durch anschließende Subtraktion des Mittelwertes jedes einzelnen Chips beseitigt (Abb.4.4).

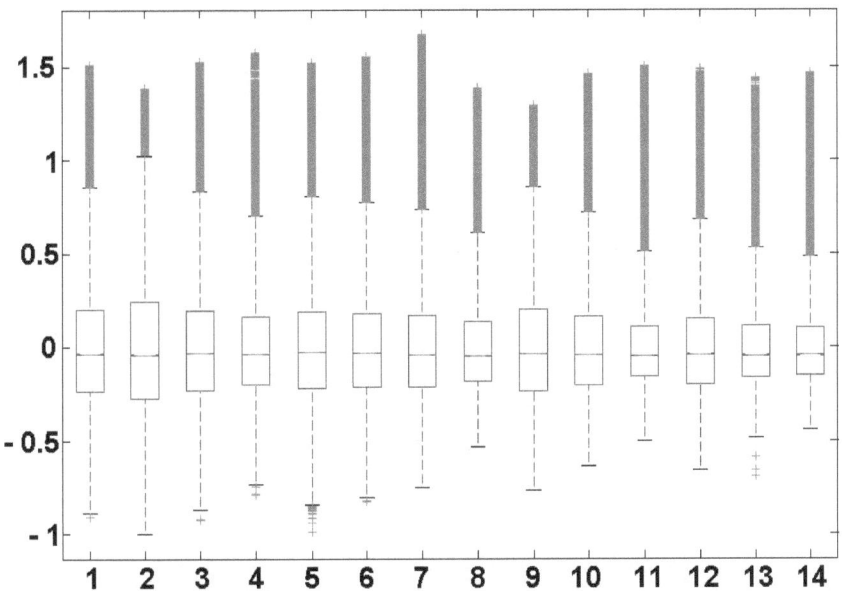

Abb. 4.4.: Normierung der Daten mittels der prozentualen Häufigkeit nach Abzug des Mittelwertes Durch die Subtraktion des Mittelwertes von den zuvor normierten Werten wurden die Signalschwankungen zwischen den einzelnen Chips weiter minimiert. Normierte Signalwerte der Referenzen: Boxplot 1-7, normierte Signalwerte der Proben: Boxplot 8-14.

Durch die Subtraktion des Mittelwertes von den normierten Werten wurde der neue Mittelwert der Signalwerte genau Null und der in den Boxplot angegebene Median der Signalwerte dicht unterhalb von dem Wert Null angeglichen.

Eine weitere Datennormierung war nicht erforderlich, da für die spätere Berechnungen der Signalunterschiede zwischen Kontrollen und Proben die ermittelten Ausreißer von Bedeutung waren. Diese Ausreißer wurden für die spätere Analyse der genetischen Veränderungen benötigt. Die Auswirkung der durchgeführten Normierungen hinsichtlich der Signalunterschiede zwischen den einzelnen Proben wurde durch eine einfaktorielle Varianzanalyse betrachtet.

4.5. Durchführung der Varianzanalyse

Bei der Anova1 (*engl:* analysis of variance) handelt es sich um eine einfaktorielle Varianzanalyse, welche Unterschiede zwischen Mittelwerten von drei oder mehr Stichproben hinsichtlich ihrer Signifikanz prüft [84].

Um zu prüfen, in wie weit die durchgeführte Normierung zur verbesserten Vergleichbarkeit der Proben führt und deren Auswirkung auf die unnormierten Daten, wurde eine einfaktorielle Varianzanalyse bei folgenden Daten am Beispiel der 3.Analyse durchgeführt:

1.) unnormierte unlogarithmierte Daten
2.) unnormierte logarithmierte Daten
3.) logarithmierte normierte Daten mittels prozentualer Häufigkeit

Source	SS	df	MS	F	Prob>F
Unnormierte unlogarithmierte Daten: Abb.4.1					
Columns	[2.0387e+012]	[13]	[1.5682e+011]	[1.7624e+004]	[0]
Error	[4.7974e+013]	[5391512]	[8.8981e+006]		
Total	[5.0013e+013]	[5391525]			
Unnormierte logarithmierte Daten: Abb.4.2					
Columns	[4.2221e+004]	[13]	[3.2478e+003]	[4.0805e+004]	[0]
Error	[4.2913e+005]	[5391512]	[0.0796]		
Total	[4.7135e+005]	[5391525]			
Logarithmierte normierte Daten mittels prozentualer Häufigkeit: Abb.4.3					
Columns	[3.6780e+003]	[13]	[282.9249]	[3.5546e+003]	[0]
Error	[4.2913e+005]	[5391512]	[0.0796]		
Total	[4.3281e+005]	[5391525]			

Tab. 4.3.: **Durchgeführte Einfaktoriellen Varianzanalyse** der unnormierten Daten, der unnormierten logarithmierten Daten und die mittels der prozentualen Häufigkeit normierten Daten der 3.Analyse. (SS=Quadratsumme, df=Freiheitsgrade, MS=mittlere Quadratsumme, F=F-Wert, Prob>F=Irrtumswahrscheinlichkeit)

Die Tabelle 4.5 zeigt große Varianzwerte der unnormierten Daten. Diese werden mittels der durchgeführten Logarithmierung verkleinert, wobei die Varianz zwischen den Gruppen bedeutend größer ist, als innerhalb der Gruppen. Bei der Datennormierung durch die prozentuale Häufigkeit bleibt die Varianz innerhalb der Gruppen mit dem Wert 0.0796 gleich, wobei die Varianz zwischen den Gruppen auf den Wert 282.92 sinkt. Dies zeigt die Annäherung der Signalwerte zwischen den Gruppen, wobei die Werte innerhalb der Gruppen nicht beeinflusst werden. Dadurch können die Extremwerte und Ausreißer jeder Gruppe weiterhin betrachtet werden, was für die Analyse der genomischen Unterschiede zwischen Kontrollen und Proben notwendig ist. Die bei dieser Normierung bestehenden Unterschiede zwischen den Proben erforderten nachträglich die Subtraktion des Mittelwertes.

Eine Varianzanalyse der Daten der Abbildung 4.4 wurde nicht durchgeführt. Bei diesen Daten wurde der zugehörige Mittelwert jeder Gruppe subtrahiert, wodurch alle Gruppenmittelwerte den Wert Null annehmen und somit die Varianz zwischen den Gruppen ebenfalls Null wird.

Die Ergebnisse der einfaktoriellen Varianzanalyse der Tabelle 4.5 bestätigen, wie auch schon die Abbildung 4.3 zuvor, dass die Normierung mittels der prozentualen Häufigkeit für die weitere Datenanalyse geeignet ist.

4.6. Signalintensitätsberechnung zwischen Probe und Referenz

Da die mittels der prozentualen Häufigkeit normierten Werte logarithmiert wurden, erfolgt die Berechnung der Signalintensität (y) nicht mit Hilfe der üblichen Anwendung der Division:

$$y = \frac{Probe}{Referenz} \qquad (4.2)$$

sondern durch die Bildung der Signaldifferenz von Probe und Referenz:

$$y = Probe - Referenz \qquad (4.3)$$

Um die Auswirkung der beiden Berechnungen 4.2 und 4.3 zeigen zu können, wurden diese berechneten Daten am Beispiel der ersten Probe und Referenz vom TRA/D-Genort nachfolgend dargestellt (Siehe Abb.4.5).

4. Statistische Analyse der Rohdaten

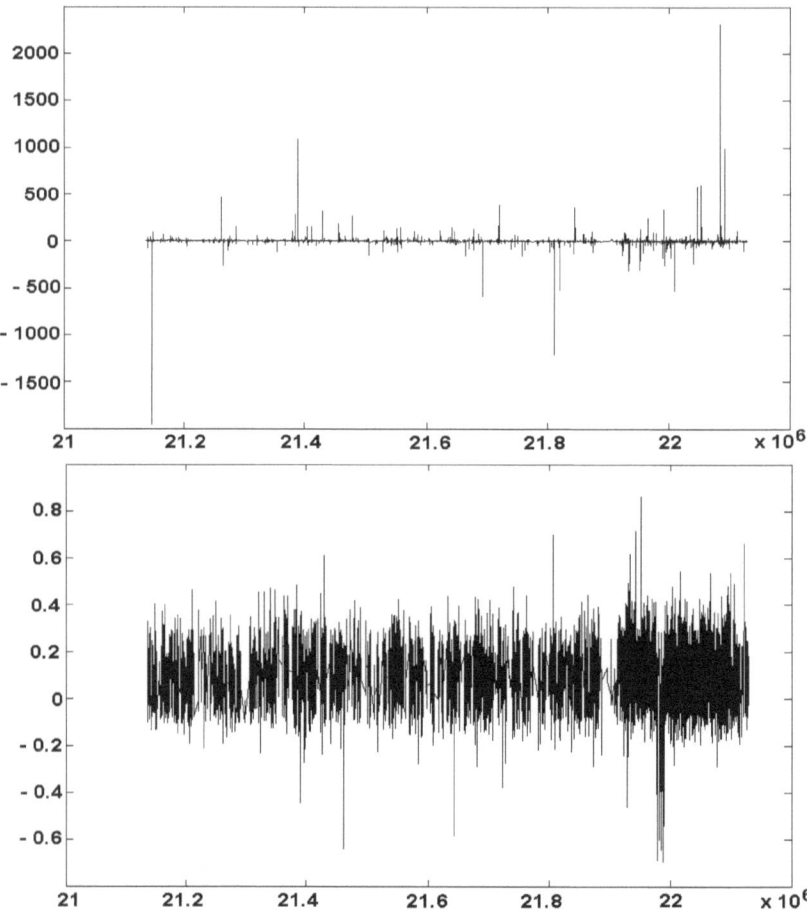

Abb. 4.5.: Berechnung der Signalintensitäten zwischen Probe 1 und Referenz 1 Oben: Die Anwendung der Formel 4.2 lässt aufgrund der logarithmischen y-Skalierung keine Signalunterschiede im abgebildeten TRA/D Genort erkennen. **Unten:** Die Berechnung nach Formel 4.3 lässt Signalunterschiede im hinteren Teil der Grafik vermuten.

Da es sich bei der obigen Grafik der Abbildung 4.5 um eine logarithmische y-Skala handelt, sind die Differenzen durch die Berechnung der Quotienten nach der Formel 4.2 nicht zu erkennen. Die untere Grafik zeigt, dass die Berechnung anhand der Formel 4.3 für die weitere Analyse der Signalunterschieden geeignet ist. Aufgrund von vorliegenden Extremwerten und Ausreißern sind in der unteren Grafik starke Signalschwankungen erkennbar. Um diese zu minimieren, wurden nachfolgend Mittelwerte zwischen benachbarten Datenpunkten gebildet.

4.7. Mittelwertbildung von benachbarten Datenpunkten

Der Mittelwert von Nachbarwerten kann bei disjunkten oder überlappenden Intervallen gebildet werden. Zwei Mengen A und B werden als disjunkt oder elementfremd bezeichnet, wenn sie kein Element gemeinsam haben, das heißt, dass ihre Schnittmenge leer ist: $A \cap B = \emptyset$.
Die Einteilung einer Menge A in paarweise disjunkte Untermengen heißt Partition [56].

Um die Auswirkung der Mittelwertbildung mittels der disjunkten Signalwerte bzw. der gleitenden Fenster darzustellen, wurden zunächst die Originalzeitreihen der Probe 1 und Probe 5 betrachtet.

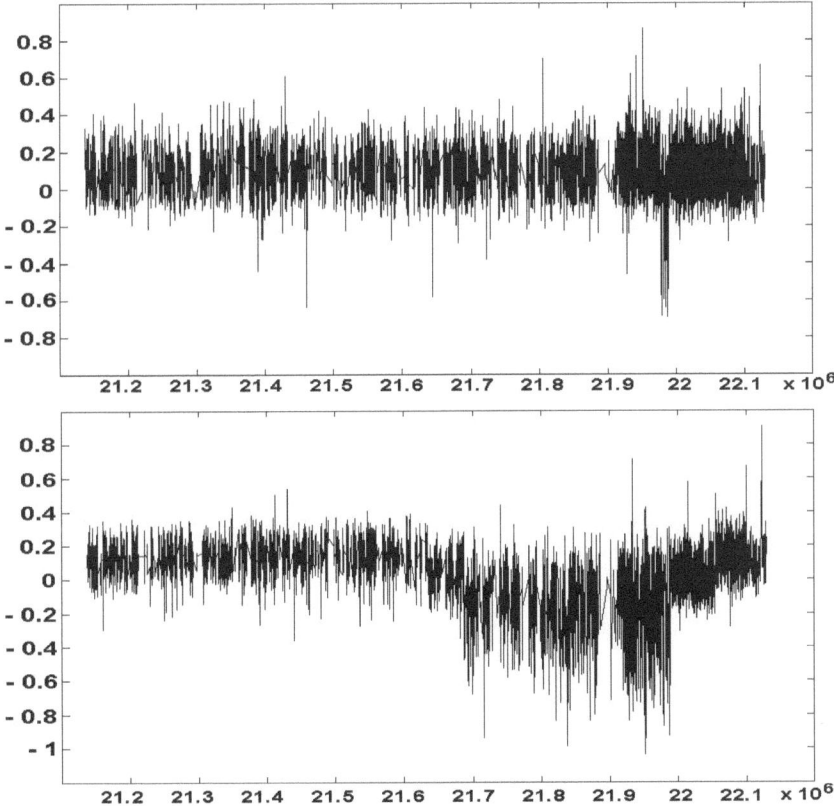

Abb. 4.6.: **Originalzeitreihe der Probe 1 (oben) und Probe 5 (unten): Oben:** Ausschnitt von Chr.14 des TRA/D-Genortes des a_1 bzw. b_1 Chips: T033-Probe. **Unten:** Ausschnitt von Chr.14 des TRA/D-Genortes des a_5 bzw. b_5 Chips: PEER-Probe

4. Statistische Analyse der Rohdaten

Laut dieser Definition wurde zunächst eine Partitionierung der Signalwerte für die Mittelwertbildung aus m Teilmengen (mit $m = 50, 100, 400$) betrachtet (Abb.4.7 und 4.8, schwarze Grafiken). Dieses Verfahren beruht auf der Berechnung gleitender Durchschnitte wodurch zufällig bedingte Irregularitäten und Sprünge (z.B. Ausreißer oder Extremwerte) im analysierten Bereich geglättet werden [7]. Des Weiteren wird durch diese Berechnung der lokalen Summen trotzdem mehrere aufeinanderfolgende veränderte Signalwerte erkannt.

Bei der „Mittelwertbildung ohne Partitionierung" (Abb.4.7 und 4.8, graue Grafiken) erfolgt eine Glättung der vorliegenden Zeitreihe durch die Bildung des Mittelwertes überlappender Nachbarwerte (mit $m = 50, 100, 400$). Hierbei ist der Umfang der Daten in gleicher Auflösung wie vor der Berechnung vorhanden.

Die nachfolgenden Grafiken zeigen, dass die Partitionierung (schwarze Linie), im Gegensatz zu den überlappenden Nachbarwerten (ohne Partitionierung, graue Linie), zu einem geringerem „Rauschen" der Werte führt. Des Weiteren erfolgt die Berechnung der Partitionierung durch die komprimierten Daten schneller.

Die nachfolgenden Abbildungen 4.7 und 4.8 zeigen, dass die Betrachtung von $m = 50$ bzw. $m = 100$ Teilmengen immer noch zu einem starken Rauschen der Werte führt. Für die eine gute Darstellung der Daten und die Erfassung der Signalschwankungen hat sich die Bildung aus $m = 200$ Teilmengen als optimal erwiesen.

4.7. Mittelwertbildung von benachbarten Datenpunkten

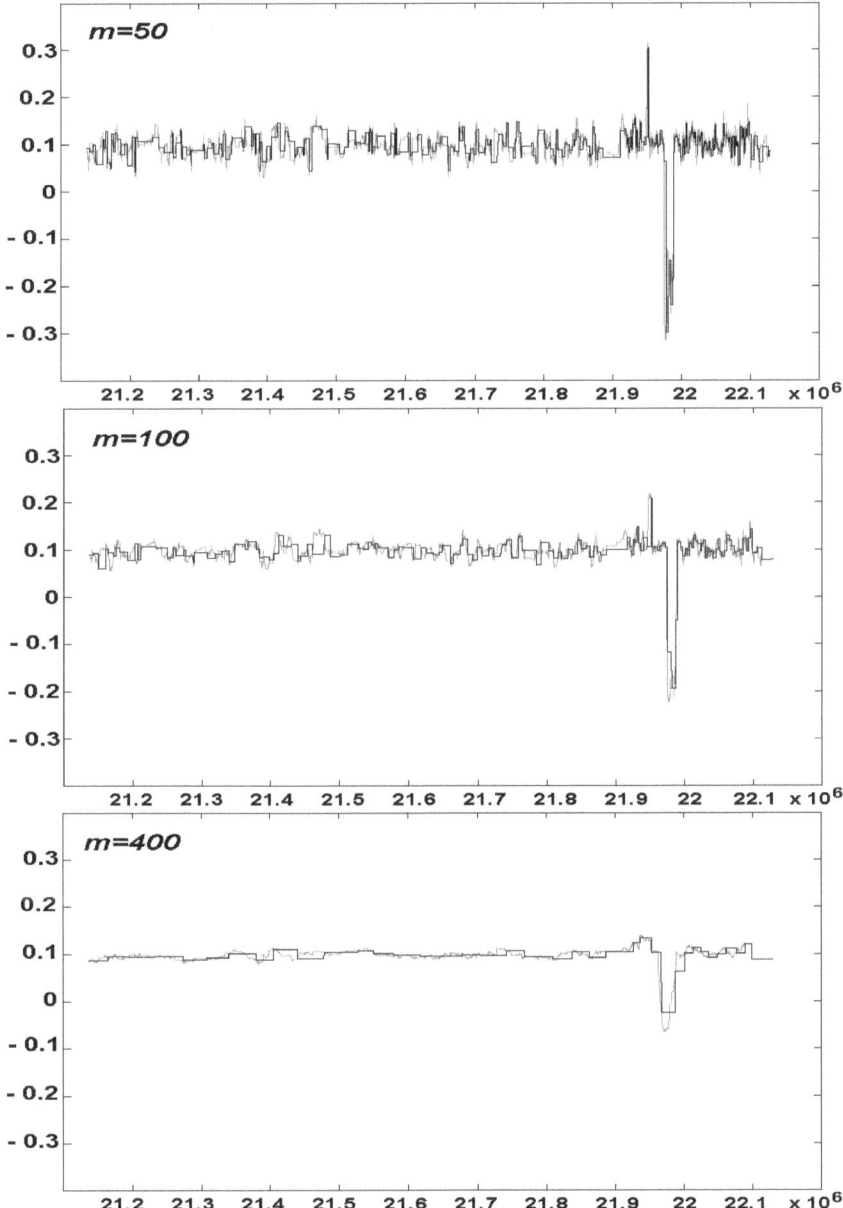

Abb. 4.7.: Vergleich der Mittelwertbildung - Beispiel 1: Ausschnitt von Chr.14 des *TRA/D*-Genortes des a_1 bzw. b_1 Chips: T033-Probe. Hierbei ist die disjunkte Mittelwertbildung als schwarze Linie und die ohne Disjunktheit als graue Linie dargestellt.

4. Statistische Analyse der Rohdaten

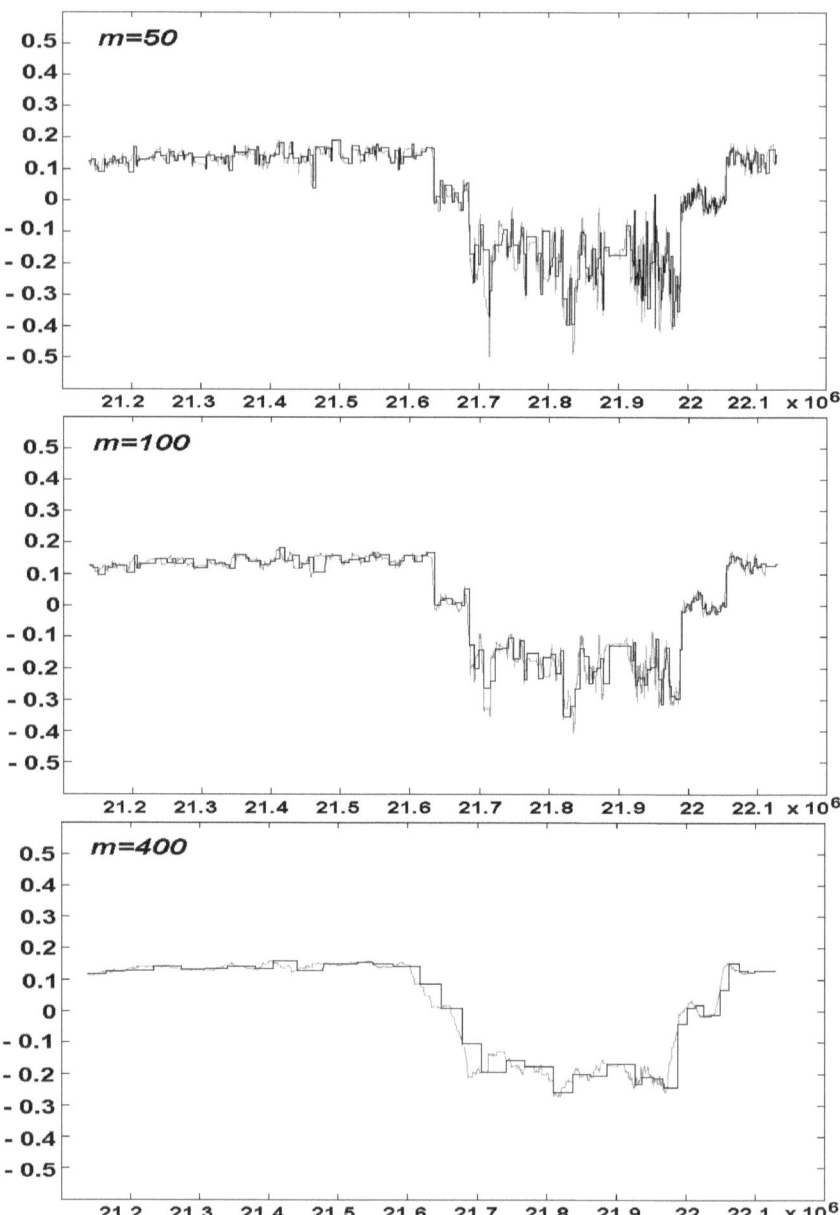

Abb. 4.8.: Vergleich der Mittelwertbildung - Beispiel 2: Ausschnitt von Chr.14 des *TRA/D*-Genortes des a_1 bzw. b_1 Chips: T033-Probe. Die Disjunktheit der Mittelwertbildung ist als schwarze Linie erkennbar. Die graue Linie stellt keine Disjunktheit der Mittelwerte dar.

4.7. Mittelwertbildung von benachbarten Datenpunkten

4.7.1. Suche nach Signalveränderungen mittels lokaler Rangzahlen und lokaler Summen

Die zuvor untersuchten zwei Beispiele des T-Zell-Rezeptor Genortes (Chr.14) weisen eindeutige Signalunterschiede im analysierten Bereich auf. Die durchgeführten Mittelwertbildungen zeigen, dass die lokalen Summen eine verbesserte Darstellung der Daten bewirken. Dies ist der Fall, da es sich bei den vorliegenden Daten nicht um eine kurzzeitige sprunghafte Änderungen, sondern um eine kontinuierliche Änderung aufeinanderfolgender Signalwerte handelt.

Das Plotten der normierten Signalwerte (y-Achse) gegen die zugehörigen genomischen Position (x-Achse) reicht jedoch für die durchzuführende Bruchpunktanalyse nicht aus. Die Bruchpunkte müssen eindeutig erkennbar sein, was durch die Schwankung der Signalwerte nicht gegeben ist. Um zu einer verbesserten Datendarstellung zu gelangen, wurde nachfolgend die Bildung lokaler Rangzahlen und lokaler Summen verglichen. Hierbei erwies sich die Abbildung der lokalen Werte in einem Bereich von n=200 als günstig.

Lokale Rangzahlen

Der *Rang* einer Zahl x_i innerhalb der Stichprobe gibt an die wievielt-kleinste Zahl sie ist [89]. Bei gleichen Zahlen werden die entsprechenden Rangzahlen gemittelt. Als Formel kann man schreiben:

$$\text{Rang}[x_i] = 1 + \text{Anzahl}\{j | x_j < x_i\} + \frac{1}{2} \text{Anzahl}\{j | j \neq i \text{ und } x_j = x_i\} \quad (4.4)$$

Hierbei werden die Daten mit

$$x_1, x_2, ..., x_i, ..., x_n. \quad (4.5)$$

bezeichnet.

Die Auswirkung der durchgeführten Bildung der lokalen Rangzahlen bzw. der lokalen Summen am Beispiel der Probe 1 (Abb.4.9) und anhand der Probe 5 (Abb.4.10) sind nachfolgend abgebildet. Hierbei sind in der Grafik die normierten Daten durch die obere, die lokalen Rangzahlen durch die mittlere und die lokalen Summen durch die untere Linie dargestellt. Bei der Berechnung der lokalen Summen bzw. lokalen Rangzahlen wurden die Signalwerte über $n = 200$ Nachbarwerte genommen.

4. Statistische Analyse der Rohdaten

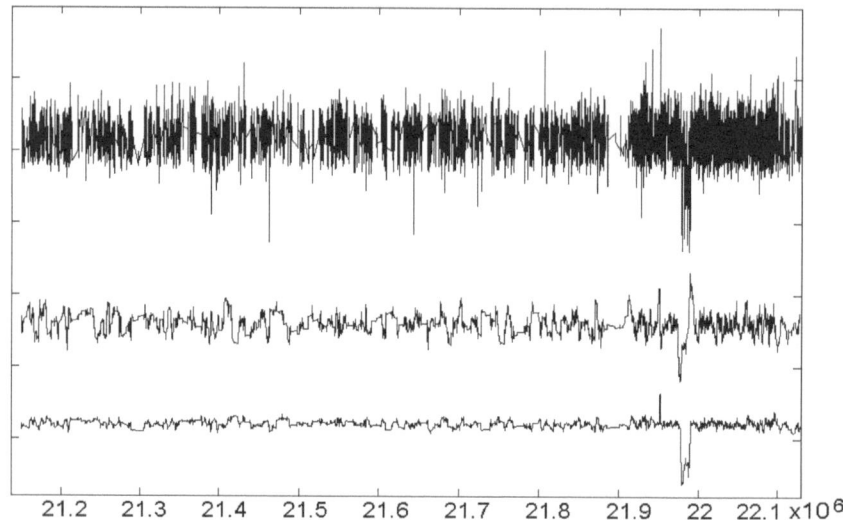

Abb. 4.9.: Lokale Rangzahlen und Summen der Probe 1 Normierte Daten (obere Grafik), lokale Rangzahlen (mittlere Grafik) und lokale Summen (untere Grafik). Die Grafik der lokalen Summen lässt einen Signalverlust bei 21.98M vermuten.

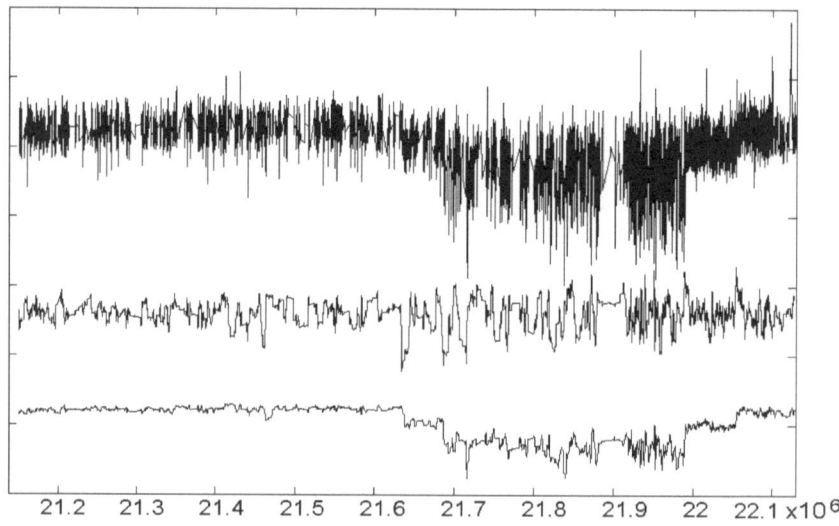

Abb. 4.10.: Lokale Rangzahlen und Summen der Probe 5 Normierte Daten (obere Grafik), lokale Rangzahlen (mittlere Grafik) und lokale Summen (untere Grafik). Im Bereich von 21.64M bis 22.06M ist ein Signalverlust bei der Abbildung der lokalen Summen erkennbar.

4.7. Mittelwertbildung von benachbarten Datenpunkten

Die vorhergehenden Abbildungen zeigen, dass die Verwendung der lokalen Summen eine gute Berechnung für die Ermittlung der Signalunterschiede ist. Die lokalen Rangzahlen hingegen zeigen aufgrund der Darstellung der minimalen Werte am Anfang bzw. der maximalen Werte am Ende des betrachteten Fensters nur sprunghafte Änderungen an. Diese Darstellung führt nicht zur optimalen Erfassung der Bruchpunktbereiche.

Um die maximalen und minimalen Signalunterschiede erfassen zu können, ist die Berechnung der Signalwerte mit Hilfe der prozentualen Abweichungen des Mittelwertes bzw. des mittleren Wertes nicht geeignet, da alle Signalwerte um den Nullwert liegen (Abb.4.4). Die Verwendung der Standardabweichung ist ein gutes Maß, um die Werte eines Intervalls um dessen Mittelwert wiederzugeben und Werte außerhalb des Intervalls als Ausreißer zu kennzeichnen [51].

Verteilung der normierten Intensitäten

Zur Prüfung, ob bei den beiden vorangegangenen Beispielen der Probe 1 und Probe 5 Ausreißer vorhanden sind, wurden die Signalwerte als Histogramm abgebildet. Handelt es sich um eine symmetrische Werteverteilung, liegen ungefähr die Hälfte der Werte unter bzw. oberhalb des Mittelwertes und das Maximum der Werte liegt in der Mitte. Eine asymmetrische (schiefe) Verteilung gibt Aufschluss über eine größere Menge von Ausreißern. Nachfolgend wurden die normierten Werte der Probe 1 (Abb.4.11) und der Probe 5 (Abb.4.12) des TRA/D Genortes als Histogramm mit 100 Klassen dargestellt.

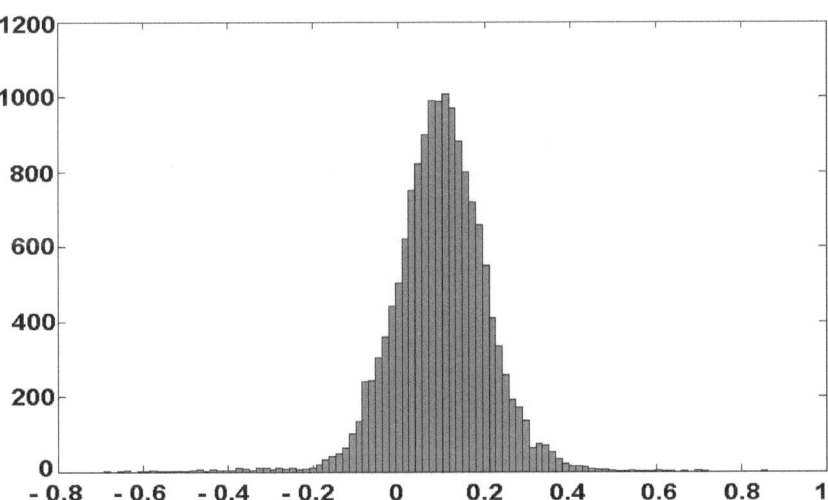

Abb. 4.11.: **Histogramm der normierten Werte des TRA/D Genortes (Chr.14) der Probe 1** zeigt eine symmetrische Häufigkeitsverteilung der Werte an.

4. Statistische Analyse der Rohdaten

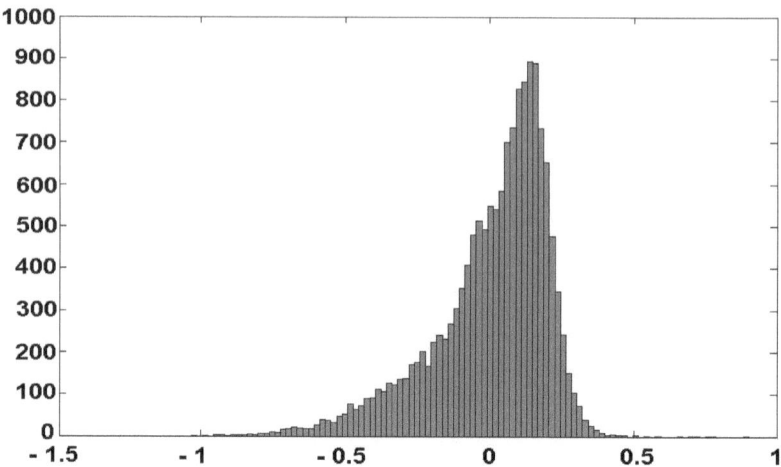

Abb. 4.12.: Histogramm der normierten Werte des *TRA/D* Genortes (Chr.14) der Probe 5 zeigt sich aufgrund einer größeren Anzahl negativer Ausreißer als schiefe Häufigkeitsverteilung.

Die Häufigkeitsverteilung der Probe 1 zeigt sich als symmetrisch, da in der dargestellten Wertemenge eine geringe Anzahl an Ausreißern vorliegt. Die Abbildung 4.9 des untersuchten *TRA/D* Genortes dieser Probe wies zuvor einen geringen Anteil an Ausreißern durch einen geringen Signalverlust zwischen 21.9M und 22M auf. Aufgrund der erhöhten Anzahl vorliegender negativer Werte bei der Probe 5, zeigt das Histogramm eine leicht links schiefe Häufigkeitsverteilung an. Die erhöhte Anzahl negativer Werte konnte auch in der Abbildung 4.10 zwischen 21.64M und 22.06M beobachtet werden.

Beide Grafiken weisen auf das Vorhandensein von Extremwerten hin, welche für die weitere Untersuchung der Signalunterschiede zu ermitteln sind. Um diese Ausreißer der Standardabweichung bestimmen zu können, bedient man sich der sogenannten Zwei- bzw. Drei-Sigma-Regel.

Drei-Sigma-Regel

Die Drei-Sigma-Regel für die Normalverteilung besagt, das ca. 99,7% der Werte in einem dreifachen Intervall der Standardabweichung plus und minus um den Mittelwert liegen [84]. Die Standardabweichung (*Sigma, σ*) ist hierbei ein Maß für die Streuung einer Zufallsvariablen um deren Mittelwert [100]. Das Minimum bzw. das Maximum der Drei-Sigma-Regel berechnet sich, mit dem arithmetischen Mittel μ wie folgt:

$$min\ (\ 3\sigma\ ) = \mu - 3 * \sigma$$
$$max\ (\ 3\sigma\ ) = \mu + 3 * \sigma$$

(4.6)

4.7. Mittelwertbildung von benachbarten Datenpunkten

Aus der Tabelle der Standard-Normalverteilung kann man für eine $N(\mu, \sigma^2)$ – *verteilte* Zufallsvariable X folgendes ablesen [5]:

$$P(\mu - \sigma < X \leq \mu + \sigma) \approx 0.680 \triangleq 68.0\%$$
$$P(\mu - 2\sigma < X \leq \mu + 2\sigma) \approx 0.955 \triangleq 95.5\% \qquad (4.7)$$
$$P(\mu - 3\sigma < X \leq \mu + 3\sigma) \approx 0.997 \triangleq 99.7\%$$

Die mittels der obigen Gleichungen berechneten Grenzen der Normalverteilung werden σ, 2σ und 3σ-Grenzen der Normalverteilung genannt [5], welche es ermöglichen eventuelle Ausreißer der betrachteten normalverteilten Datenmenge zu erfassen. Da diese Regel auf normalverteilte Zufallsvariablen angewendet werden sollte, wurden die vorliegenden Daten der dritten und vierten Analyse auf Normalverteilung geprüft.

Test auf Normalverteilung mittels Lilliefors

Bei dem statistischen Lilliefors Test handelt es sich um eine Modifikation des Kolmogoroff-Smirnoff-Test, welcher die Anpassung einer empirischen Verteilungsfunktion mit einer theoretischen Verteilungsfunktion vergleicht [84]. Hierzu prüft der Lilliefors-Test die Daten einer Stichprobe hinsichtlich der Abweichung von der Normalverteilung, wobei der Erwartungswert μ und die Standardabweichung σ geschätzt werden [7].

Der Lilliefors-Test mit $\alpha = 0.01$ ergab bei den untersuchten Genbereichen der dritten Analyse, dass die Normalverteilung bei allen Proben ($k = 1, ..., 7$) abgelehnt wurde. Bei den Daten der untersuchten Genbereiche der vierten Analyse wurden die Genbereiche der folgenden Proben m als normalverteilt bestätigt:

Probennummer	Chromosom	Genbereich
m=1	Chr.10	Chr.10
m=1	Chr.14	TRA/D
m=3	Chr.2	IGK
m=3	Chr.7	TRG
m=3	Chr.7	TRB
m=6	Chr.10	Chr.10
m=7	Chr.10	Chr.10
m=8	Chr.10	Chr.10

Tab. 4.4.: **Normalverteilte Daten der Genbereiche der vierten Analyse**

4. Statistische Analyse der Rohdaten

Dieses zeigt, dass in den hierbei ermittelten Genbereichen der jeweilen Proben aufgrund vorliegender Normalverteilung kein Signalverlust, welcher mit einer größeren Anzahl an Ausreißern einhergeht, erwartet wird.

Da der Lilliefors-Test bei den meisten der vorliegenden Daten keine Normalverteilung bestätigen konnte, ist mit einer größeren Anzahl von Ausreißern in den untersuchten Genbereichen zu rechnen. Diese wurden durch die Sigma-Regel für die weitere Bruchpunktanalyse ermittelt.

Drei-Sigma-Regel der lokalen Summen

Für das Beispiel des *TRA/D* Genortes (Chr.14) mit 15205 Messwerten sollten durch die Drei-Sigma-Regel bei vorhandener Normalverteilung nur rund 46 Messwerte erfasst werden. Die nachfolgende Tabelle zeigt die Anzahl der minimalen und maximalen Ausreißer der lokalen Summen im analysierten Genbereich, welche durch die Drei-Sigma-Regel ermittelt wurden.

Probennummer	$\leq \mu - 3\sigma$	$\geq \mu - 3\sigma$
k=1	227	48
k=2	6	69
k=3	0	0
k=4	118	0
k=5	15	0
k=6	67	35
k=7	269	0

Tab. 4.5.: **Drei-Sigma-Regel auf die lokalen Summen angewendet im *TRA/D* Genort** zeigt an, dass bei den Proben 1, 2, 4, 6 und 7 mehr Datenwerte als die max. Anzahl von 46 erkannt werden.

Die Tabelle 4.5 verdeutlicht, dass bei den Proben 1, 2, 4, 6 und 7 mehr Werte durch die Drei-Sigma-Regel erkannt werden, als prozentual bei einer Standardnormalverteilung zu erwarten wäre. Die Anwendung der Sigma-Regel gibt einen ersten Hinweis über die vorliegenden Signalschwankungen im betrachteten *TRA/D* Genort. Die Darstellung der maximalen und minimalen erkannten Ausreißer der durchgeführten Drei-Sigma-Regel ist nachfolgend am Beispiel der Probe 1 und Probe 5 in der Abbildung 4.15 zu finden.

4.7. Mittelwertbildung von benachbarten Datenpunkten

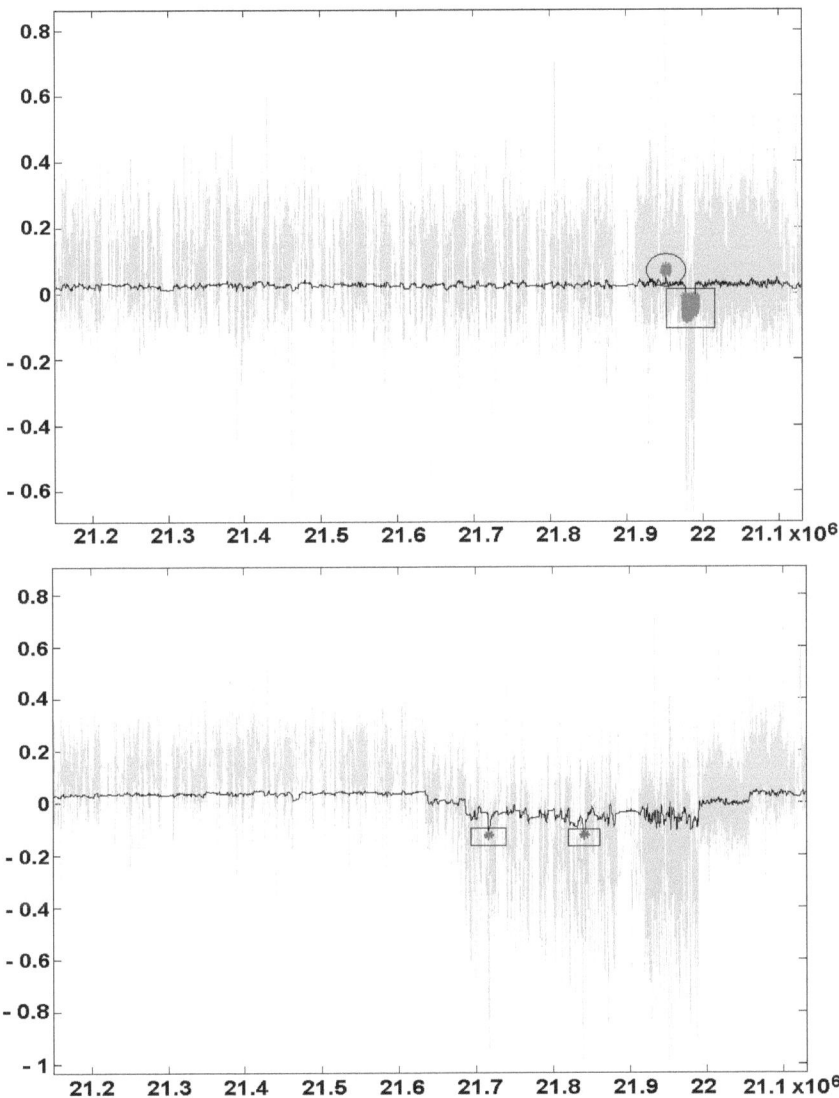

Abb. 4.13.: **Ausreißer der Drei-Sigma-Regel anhand der lokalen Summen von Chr.14** Bei der Probe 1 (obere Abb.) wurden im Bereich von 21.97M und 22M die minimalen Ausreißer (per Rechteck markiert) richtig ermittelt. Des Weiteren wurde eine kleine Anzahl maximaler Ausreißer (per Kreis markiert) bei 21.95M erfasst. Bei der Probe 5 (untere Abb.) wurde aufgrund der Vielzahl negativer Werte nicht alle minimalen Ausreißer (per Rechteck markiert) durch die Drei-Sigma-Regel, welche im Chromosomenabschnitt 21.64M - 22.06M erwartet wurden, detektiert. Die graue Linie zeigt die lokalen Summen, die hellgraue Grafik verdeutlicht die Signalwerte vor Anwendung der lokalen Summen.

4. Statistische Analyse der Rohdaten

Die Abbildung 4.15 zeigt, dass die minimalen Ausreißer der Probe 1, welche im Bereich 21.97M und 22M beobachtet wurden, richtig erkannt werden. Des Weiteren ist bei dieser Probe ein geringer Teil maximaler Ausreißer (per Kreis markiert) bei 21.95M zu beobachten. Durch die zusammenliegenden minimalen bzw. maximalen Ausreißer sind diese in der Grafik gut zu erkennen. Aufgrund der Vielzahl negativer Werte der Probe 5 wird die Anzahl minimaler Ausreißer durch die Drei-Sigma-Regel nicht ausreichend wiedergeben, welche im Bereich zwischen 21.64M und 22.06M zu erwarten wären. Hierzu ist eine Anpassung der Grenze der Sigma-Regel auf 2.5 bzw. 2 erforderlich. Die durch die Sigma-Regel erkannte Anzahl an Datenwerten aller Proben, bezogen auf den TRA/D Genort, ist in der Tabelle 4.6 zusammengestellt.

Probennr.	$\leq \mu - 3\sigma$	$\geq \mu - 3\sigma$	$\leq \mu - 2.5\sigma$	$\geq \mu - 2.5\sigma$	$\leq \mu - 2\sigma$	$\geq \mu - 2\sigma$
k=1	227	48	232	54	236	61
k=2	6	69	24	81	118	147
k=3	0	0	40	0	210	0
k=4	118	0	290	0	594	0
k=5	15	0	104	0	490	0
k=6	67	35	177	115	398	294
k=7	269	0	482	0	670	32

Tab. 4.6.: **Sigma-Regel auf die lokalen Summen des TRA/D Genortes angewendet**

Durch die Verschiebung der Sigma-Grenze von 3 auf 2.5 bzw. 2 wird das erkennbare Intervall, welches somit aus der 2.5 bzw. zweifachen Standardabweichung plus und minus um den Mittelwert liegt, verkleinert. Dadurch wird ein größerer Anteil von Ausreißern erkannt. Die Tabelle 4.6 zeigt die zuvor ermittelte maximale und minimale Anzahl der Ausreißer der Drei-Sigma-Regel des TRA/D Genortes (min (3σ) und max (3σ)) und der angewendeten $2, 5\sigma$ und 2σ Grenze.

Hierbei ist zu erkennen, dass es bei manchen Proben zu einer Zunahme der minimalen, jedoch nicht der maximalen Anzahl von Ausreißern durch die Verschiebung der Sigma-Grenze auf 2.5 bzw. 2 kommt. So werden bei der Probe 5 durch die Verschiebung der Sigma-Grenze auf 2.5 insgesamt 104 minimale Ausreißer dieser Probe erkannt. Bei der Anwendung der 2σ-Regel steigt die detektierte Anzahl der minimalen Werte auf 490. Maximale Ausreißer werden nicht ermittelt. Dies spricht für das Erkennen von Signalverlusten, was wiederum chromosomale Deletionen bedeutet. Die Auswirkung der veränderten Sigma-Grenzverschiebung auf 2.5σ bzw. 2σ der Probe 5 ist in der Grafik 4.14 dargestellt.

4.7. Mittelwertbildung von benachbarten Datenpunkten

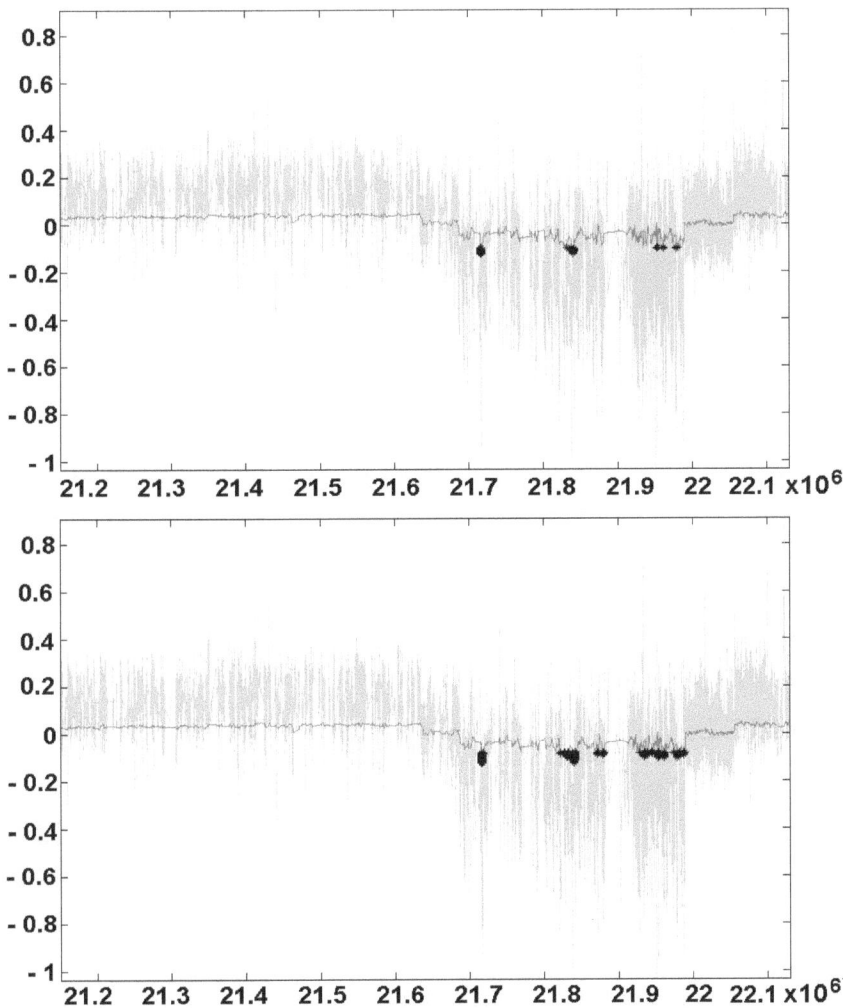

Abb. 4.14.: **Ausreißer der 2.5- bzw. 2-Sigma-Regel der lokalen Summen im TRA/D Genort der Probe 5** Die Verschiebung der Sigma Grenze auf 2.5 (obere Abb.) zeigt, dass im Bereich von 21.95M zusätzliche Ausreißer (schwarz dargestellt) detektiert wurden. Bei der Anwendung der 2σ-Regel (untere Abb.) werden weitere minimale Werte zwischen 21.7M und 22M erfasst. Durch die große Streuung der Werte sind jedoch nicht alle minimalen Ausreißer, welche im Bereich von 21.64M und 22.06M erwartet werden, detektierbar. Die graue Line zeigt die lokalen Summen, die hellgraue Grafik verdeutlicht die Signalwerte vor Anwendung der lokalen Summen.

4. Statistische Analyse der Rohdaten

Durch die Verschiebung der Drei-Sigma-Grenze auf 2,5σ bzw. 2σ werden mehr minimale Ausreißer der Probe 5 erfasst (Abb.4.14). Die untere Grafik zeigt jedoch, dass die Anwendung der 2σ-Grenze aufgrund der großen Streuung der Werte, immer noch nicht alle minimalen Ausreißer im Bereich zw. 21.64M und 22.07M erkennen lässt. Um diese für die Bruchpunktanalyse notwendigen Ausreißer zu ermitteln, wurde nachfolgend die Sigma-Grenzen von den genomischen Teilbereiche auf die Gesamtanzahl der lokalen Summen ausgeweitet.

Um festzustellen, ob es sich bei der Verteilung der lokalen Summen, angewendet auf die Gesamtzahl der normierten Daten, um eine Standardnormalverteilung handelt, wurden diese am Beispiel der Probe 1 und Probe 5 nachfolgend als Histogramm dargestellt.

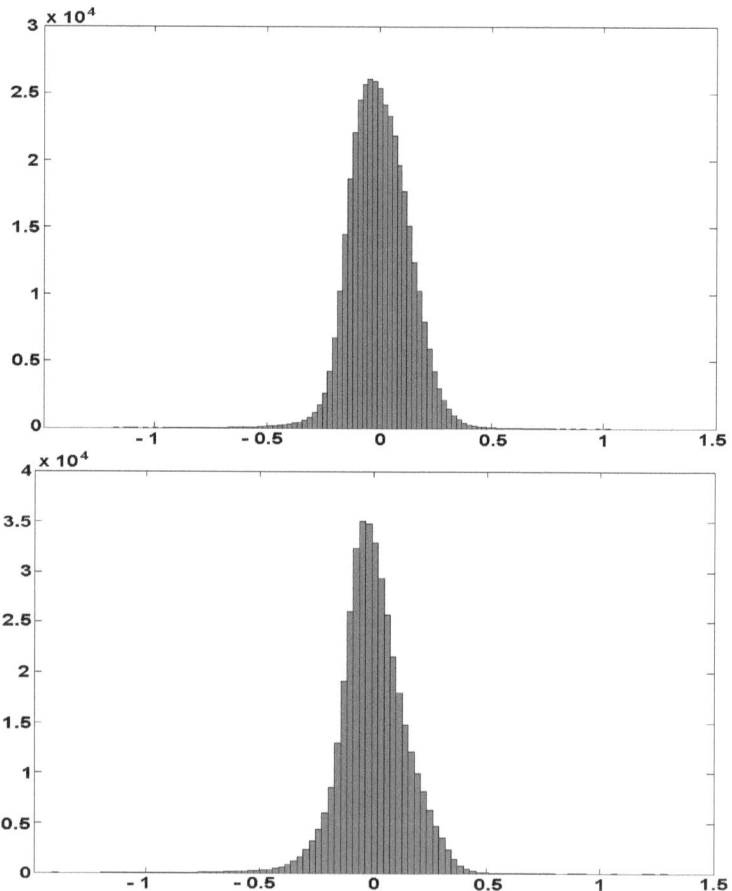

Abb. 4.15.: Histogramm der lokalen Summen aller normierten Daten von Probe 1 und Probe 5 Die Anwendung der lokalen Summen auf die Gesamtheit aller normierten Werte zeigt eine fast symmetrische Verteilung der Daten. (**oben:** Probe 1, **unten:** Probe 5)

4.7. Mittelwertbildung von benachbarten Datenpunkten

Die beiden Abbildungen der lokalen Summen bezogen auf die Gesamtanzahl der normierten Daten repräsentieren eine symmetrische Häufigkeitsverteilung. Das Histogramm der Probe 5 (Abb.4.15 unten) zeigt nicht so starke Ausreißer an, wie bei der Durchführung der lokalen Summen des zuvor untersuchten TRA/D Genortes (Abb.4.12). Dies weist darauf hin, dass in Bezug auf die Standardabweichung der globalen Werte die lokalen Schwankungen nicht so stark ins Gewicht fallen und sich besser detektieren lassen.

Zusätzlich zu der Datendarstellung durch ein Histogramm wurden diese wiederum durch den Lilliefors-Test auf Normalverteilung überprüft. Bei den lokalen Summen der gesamten Datenmenge der Proben 1-7 der dritten Analyse, sowie der Proben 1-10 der vierten Analyse wurde die Standardnormalverteilung abgelehnt. Dies spricht für eine größere Anzahl von Ausreißern, welche durch die angewendete Sigma-Regel erfasst werden kann.

Drei-Sigma-Regel der lokalen Summen angewendet auf alle normierten Daten

Bei der Anzahl der normierten Daten (n=385109) der 3.Analyse sollten laut der angewendeten Drei-Sigma-Regel auf normalverteilte Daten weniger als 1155 Datenwerte als Ausreißer erkannt werden. Die folgende Tabelle zeigt die Anzahl der minimalen und maximalen Ausreißer aller vorliegenden normierten Gesamtdaten der Proben 1-7 der dritten Analyse, welche durch die 3σ, 2.5σ und 2σ-Regel erfasst wurden.

Probennr.	$\leq \mu - 3\sigma$	$\geq \mu - 3\sigma$	$\leq \mu - 2.5\sigma$	$\geq \mu - 2.5\sigma$	$\leq \mu - 2\sigma$	$\geq \mu - 2\sigma$
k=1	3145	532	5199	829	8365	2968
k=2	1230	219	2262	1008	6075	6042
k=3	5933	344	9828	1655	14220	8816
k=4	3076	950	4414	2088	6407	9256
k=5	2513	260	4849	4017	9336	15108
k=6	1395	352	2546	519	5544	4204
k=7	2795	86	5132	311	9744	2850

Tab. 4.7.: Angewendete Sigma-Regel auf die Gesamtheit der lokalen Summen der Proben 1-7 der dritten Analyse zeigt, dass mehr Ausreißer bei jeder Probe erkannt werden, als prozentual bei einer normalverteilten Datenmenge zu erwarten wäre.

Die obige Tabelle stellt die Anzahl der durch die Drei-Sigma-Regel erkannten Ausreißer der Gesamtheit der lokalen Summen dar. Bei allen Proben werden prozentual mehr Ausreißer durch die Verwendung der Sigma-Regel detektiert. Bei der Probe 5 fallen insgesamt 2773 Signalwerte über bzw. unterhalb der gesetzten Drei-Sigma-Grenze. Um den vermuteten Signalverlust der

4. Statistische Analyse der Rohdaten

Probe 5 im TRA/D Genort im Bereich von 21.64M und 22.07M zu erfassen, ist es wichtig zu erfahren wie viele der detektierten Ausreißern in diesen Bereich fallen. Dazu wurde nachfolgend die Anzahl der Ausreißer des TRA/D-Genortes aller Proben der dritten Analyse in der Tabelle 4.8 zusammengestellt.

Probennr.	$\leq \mu - 3\sigma$	$\geq \mu - 3\sigma$	$\leq \mu - 2.5\sigma$	$\geq \mu - 2.5\sigma$	$\leq \mu - 2\sigma$	$\geq \mu - 2\sigma$
k=1	<u>57</u>	48	<u>86</u>	57	<u>169</u>	170
k=2	<u>0</u>	**61**	<u>0</u>	**72**	<u>0</u>	**757**
k=3	**532**	0	**1410**	0	**2837**	0
k=4	**103**	0	**227**	0	**416**	**284**
k=5	**426**	0	**991**	0	**2071**	0
k=6	<u>0</u>	<u>0</u>	<u>0</u>	**43**	<u>0</u>	**1672**
k=7	**21**	0	**42**	32	**72**	**516**

Tab. 4.8.: Sigma-Regel auf die gesamten lokalen Summen angewendet: Ausreißer des TRA/D Genortes Durch die Anwendung der Sigma-Regel auf die globalen lokalen Summen werden im untersuchten TRA/D Genort eine veränderte Anzahl von minimalen und maximalen Ausreißern erkannt. Eine Zunahme von Ausreißern ist fett, eine Abnahme ist durch einen Unterstrich und keine Veränderung ist durch eine normale Schreibweise dargestellt.

Durch die Ausweitung der Sigma-Grenze von den zuvor betrachteten genomischen Teilbereichen (Tabelle 4.6) auf die Gesamtheit der lokalen Summen (siehe obige Tabelle) kommt es zu einer Zu- bzw. Abnahme der detektierten Ausreißer im untersuchten TRA/D Genort. Werden mehr Ausreißer erkannt, als zuvor ermittelt wurden, sind diese als fett markierte Zahlen erkennbar. Eine Abnahme der Ausreißer ist in der obigen Tabelle als unterstrichene Zahl dargestellt.

Bei der untersuchten Probe 5 bewirkt die Anwendung der Sigma-Regel auf die globalen lokalen Summen ein Anstieg der minimalen Ausreißer, wobei maximale Ausreißer abermals nicht erfasst werden. Zuvor wurden durch die auf den TRA/D Genortes beschränkte Drei-Sigma-Regel 15 minimale Ausreißer des Genortes detektiert (Tabelle 4.6). Durch die Anwendung der Sigma-Regel auf die globalen lokalen Summen steigt die Anzahl der unterhalb der gesetzten Grenze liegen Werte auf 426. Des Weiteren ist zu erkennen, dass ein Großteil der zuvor detektierten minimalen Ausreißern (n=2513) der Probe 5 (Siehe Tabelle 4.7) mit einer Anzahl von 426 in den TRA/D Genort fällt. Dies bedeutet, dass die stark schwankenden Werte innerhalb des TRA/D Genortes durch das Anwenden der Sigma-Regel auf die Gesamtheit der Signalwerte besser erfasst werden. Die Auswirkung der 3σ, 2.5σ und 2σ-Regel auf die globalen lokalen Summen im Bereich des TRA/D Genortes ist nachfolgend am Beispiel der Probe 5 dargestellt (Abb.4.16).

4.7. Mittelwertbildung von benachbarten Datenpunkten

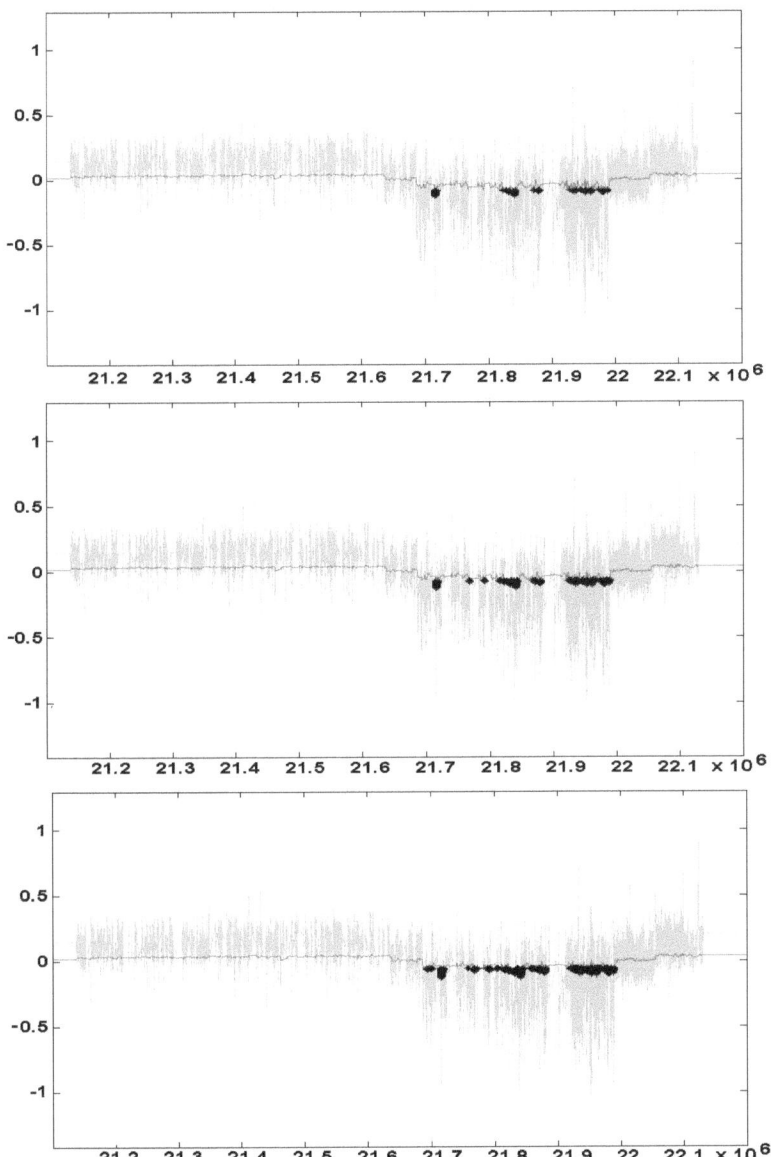

Abb. 4.16.: Ausreißer der Sigma-Regel der Probe 5 des *TRA/D* Genortes Die durch Anwendung der Sigma-Regel auf die Gesamtheit der lokalen Summen (graue Linie) werden im *TRA/D* Genort der Probe 5 mehr minimale Ausreißer (schwarz dargestellt) erkannt, welche unter die gesetzte Sigma-Grenze fallen. Die hellgraue Grafik verdeutlicht die Signalwerte vor Anwendung der lokalen Summen. (**Oben:** Drei-Sigma-Grenze, **Mitte:** 2.5-Sigma-Grenze, **Unten:** 2-Sigma-Grenze)

4. Statistische Analyse der Rohdaten

Die Abbildung 4.16 zeigt, dass die Verwendung der Sigma-Regel auf die globalen lokalen Summen zu einer verbesserten Detektion der minimalen Ausreißer führt. Hierbei verfälschen nicht die starken Signalschwankungen einzelner chromosomaler Bereiche die mittels der Sigma-Regel durchgeführte Detektion minimaler und maximaler Ausreißer. Im Bereich des zu erwarteten Signalverlustes von 21.64M - 22.06M wurden durch die Zwei-Sigma-Regel mehr minimale Ausreißer erfasst, als zuvor (Siehe Abb.4.14). Dies zeigt, dass die Anwendung der Sigma-Regel auf die globalen lokalen Summen besser geeignet ist, als die Anwendung auf die zuvor betrachteten genomischen Teilbereiche. Um die Bruchpunktanalyse effektiv durchführen zu können, wurde nachfolgend ein interaktives Verfahren zur Datenauswertung erstellt.

4.8. Interaktive Benutzeroberfläche

Die zur Auswertung der Daten vorgegebene SignalMap Software der Firma NimbleGen ließ keinerlei Spielraum für eine benutzerorientierte Analyse. Zunächst ist ein umständliches Einladen der Daten notwendig, welche nach den verwendeten Array-Nummern benannt worden sind. Dies erschwert die Auswahl der Daten, da die Namen der Arrays (z.B. 1165622_400, 1165642_400) keinerlei Rückschlüsse auf die Namen der Proben geben. Die SignalMap Software ließ ein Umbenennen der Datennamen nicht zu. Des Weiteren ist die Auswahl des genomischen Bereiches nur mit der Anwahl des jeweiligen Chromosoms möglich. Befinden sich mehrere analysierte FT-CGH Bereiche auf einem Chromosom (z.B. die Genorte *TRA/D* und *BCL11B* auf Chr.14) erfordert dies ein „*zoom in*" in den zu betrachtenden Genort. Dadurch ist eine schnelle Anwahl des genomischen Bereiches nicht gegeben. Ein weiterer Nachteil der Software ist das Erkennen der chromosomalen Signalunterschiede. Hierbei ist keine Anwahl der eventuellen Signalgewinne bzw. Verluste als Detektionsmethode möglich.

Für eine gute Darstellung und schnelle Auswertung der zuvor normierten Daten wurde eine interaktive Benutzeroberfläche im Matlab-Programm eingerichtet. Diese sollte zu einer flexiblen Übersicht der jeweiligen genomischen Teilbereichen der vorhandenen Proben führen und die Filterung nach Signalschwankungen durch die Anwendung der Sigma-Regel ermöglichen. Um diese Signalschwankungen genau detektieren zu können, muss eine Vergrößerung des betrachteten Genbereiches gewährleistet sein. Diese interaktive Benutzeroberfläche dient somit der schnellen Bruchpunktanalyse der einzelnen genomischen Teilbereiche.

4.8.1. Objekt-orientierte Programmierung in Matlab

Der Matlab Befehl *uicontrol* (user interface control) erlaubt die Erstellung einer interaktiven Benutzeroberfläche durch realisierte Schnittstellen. Durch die Verwendung des 'uicontrol' Befehls können Kontrollelemente verschiedenen Typs erzeugt werden. In dieser Arbeit wurden die Kontrollelemente 'pushbutton', 'popupmenu', 'checkbox', 'text' und 'edit' verwendet. Diese wurden mit verschiedenen Funktionen durch den Befehl 'callback' versehen, um so die zugehörige Funktion des Kontrollfensters zu aktivieren.

4.8.2. Einrichten der interaktiven Benutzeroberfläche

Zunächst wurde durch die 'figure' Anweisung ein Grafikfenster erstellt, welches die Daten aller Proben des ersten genomischen Abschnittes, des Chromosom 2 im *IGK* Genort, zeigt (Abb. 4.17). Um benutzerorientiert arbeiten zu können, wurden drei 'pushbutton' erzeugt. Diese ermöglichen die Auswahl der „Originaldaten", der „lokalen Summen" und das „Schließen" des Fensters. Des Weiteren führt die Anwahl der 'checkbox' zur Auswahl der Proben. Die drei 'popupmenu' Kontrollelemente dienen zur Selektion des genomischen Bereiches, zur Auswahl der Sigma-Grenze und zum Anwählen des Abstandes zwischen den dargestellten Proben. Um die Bruchpunktbereiche besser erkennen zu können, ist es möglich die Grenzen des dargestellten genomischen Bereiches im 'edit'-Fenster zu verändern. Nachfolgend ist die interaktive Benutzeroberfläche mit den jeweiligen Kontrollelementen und den Originalsignalwerten aller Proben der 3.FT-CGH Analyse im *IGK* Genortes des Chromosom 2 dargestellt.

4. Statistische Analyse der Rohdaten

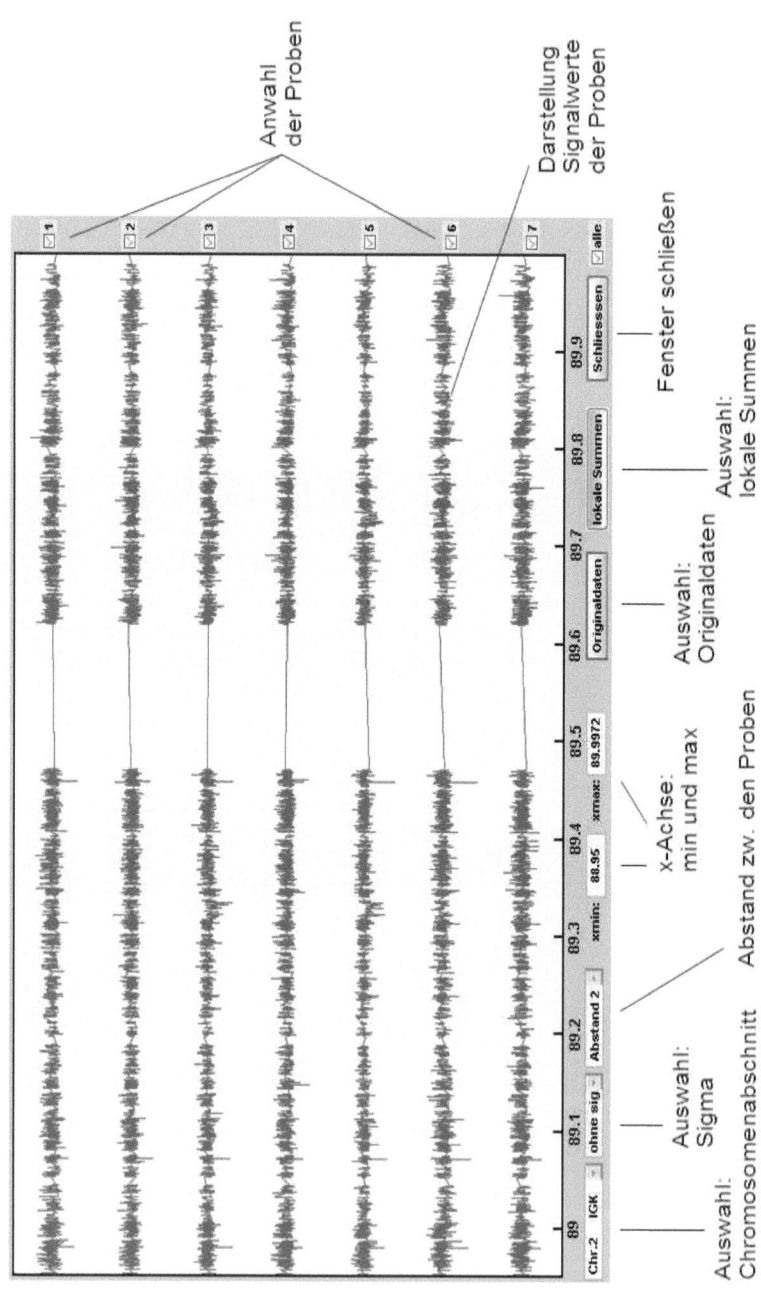

Abb. 4.17.: Aufbau der interaktiven Benutzeroberfläche Die Original-Signalwerte aller 7 Proben der dritten Analyse sind in der Abbildung als schwarze Linien dargestellt.

4.8. Interaktive Benutzeroberfläche

Durch die Anwahlmöglichkeiten des chromosomalen Genortes und der lokalen Summen mit der Einstellung der Sigma-Grenze kann man die Bruchpunktanalyse nach den relevanten Daten filtern. Die Anwahl der Sigma-Grenze gibt erste Hinweise auf eventuelle Signalverluste oder Gewinne, welche im dargestellten Genort relevant sein könnten. Die nachträgliche Abwahl der Proben, welche durch die Sigma-Grenze keine genomischen Veränderungen zeigen, erleichtert die Analyse der bedeutsamen Proben. Somit können einzelne Proben mit dem gleichen Muster der Signalschwankungen im jeweiligen Genort zusammenfassend betrachtet werden.

Als Beispiel sind in der Abbildung 4.18 die lokalen Summen aller Proben des *TRA/D*-Genortes mit einer Sigmagrenze von 2 angewählt. Hierbei kann man erkennen, dass bei der Probe 3 und Probe 5 im Bereich zwischen 21.68M und 22.04M ein größerer Signalverlust vorliegt. Bei den Proben 1, 4 und 7 kommt es bei 21.98M zu einem kleineren Signalverlust. Im genomischen 21.96M Abschnitt kann bei der Probe 1 und Probe 2 ein Signalgewinn beobachtet werden.

Da der Verdacht des gleichen Bruchpunktes bei der Probe 1 und Probe 5 besteht, wurden die restlichen Proben zur verbesserten Darstellung abgewählt. Dies führt gleichzeitig zur Vergrößerung der Grafiken. Um den Bruchpunktbereich beider Proben genau erfassen zu können ist eine Veränderung des genomischen Bereiches durch Angabe der genomischen Grenze im 'edit'-Fenster möglich.

Zur Veranschaulichung der Bruchpunktanalyse wurden die Probe 1 und Probe 5 in der Abbildung 4.19 mit einer Sigmagrenze von 1.5 angewählt. Um die Bruchbereiche besser erkennen zu können, wurde der *TRA/D*-Genort auf den Bereich zwischen 21.508M und 22.1299M eingegrenzt. Des Weiteren wurde der Abstand der Proben zueinander auf 0.8 reduziert und somit die Grafiken in Richtung der y-Achse vergrößert. Durch die angewählte Filterung der Probendaten lässt sich der Bruchbereich der Probe 1 auf den genomischen Bereich von 21.98M und 21.99M einschränken. Bei der Probe 5 ist durch die Anwahl der Sigmagrenze zwischen 21.68M und 21.98M ein Signalverlust erkennbar.

Die Darstellung dieses chromosomalen Bereiches beweist, dass der genomische Verlust beider Proben im gleichen Abschnitt zwischen 21.98M und 21.99M stattgefunden hat. Dies zeigt, dass man die molekulargenomische Analyse dieses Bruchpunktbereiches beider Proben zusammenfassend durchführen kann, was wiederum zur schnelleren Auswertung führt.

Die Abbildung 4.19 zeigt jedoch auch, dass bei der Probe 1 im Gegensatz zur Probe 5 ein viel kleinerer genomische Verlust stattgefunden hat. Um die Grenzen des Signalverlustes beider Proben besser erkennen zu können, ist eine Abwahl der anderen Probe möglich. Diese schnelle Abwahl der nicht betrachteten Probe vergrößert zusätzlich die Abbildung der dargestellten Probe.

Die Darstellung des *TRA/D*-Genortes der Probe 1 (Abb.4.20) im Bereich von 21.93M und 21.99M lässt deutlich erkennen, dass der Signalverlust zwischen 21.977M und 21.99M stattgefunden hat. Ein Signalgewinn dieser Probe konnte zwischen 21.952M und 21.954M detektiert werden. Bei der Probe 5 ist durch die Einstellung der Sigmagrenze auf 1.5 der Signalverlust bei 21.68M und 21.98M deutlich erkennbar (Abb.4.21). Durch die Anpassung der Sigmagrenze ist es möglich, den vermuteten Signalverlust, welcher im Bereich von 21.64M und 22.06M als Darstellung der lokalen Summen sichtbar ist, ebenfalls zu detektieren.

4. Statistische Analyse der Rohdaten

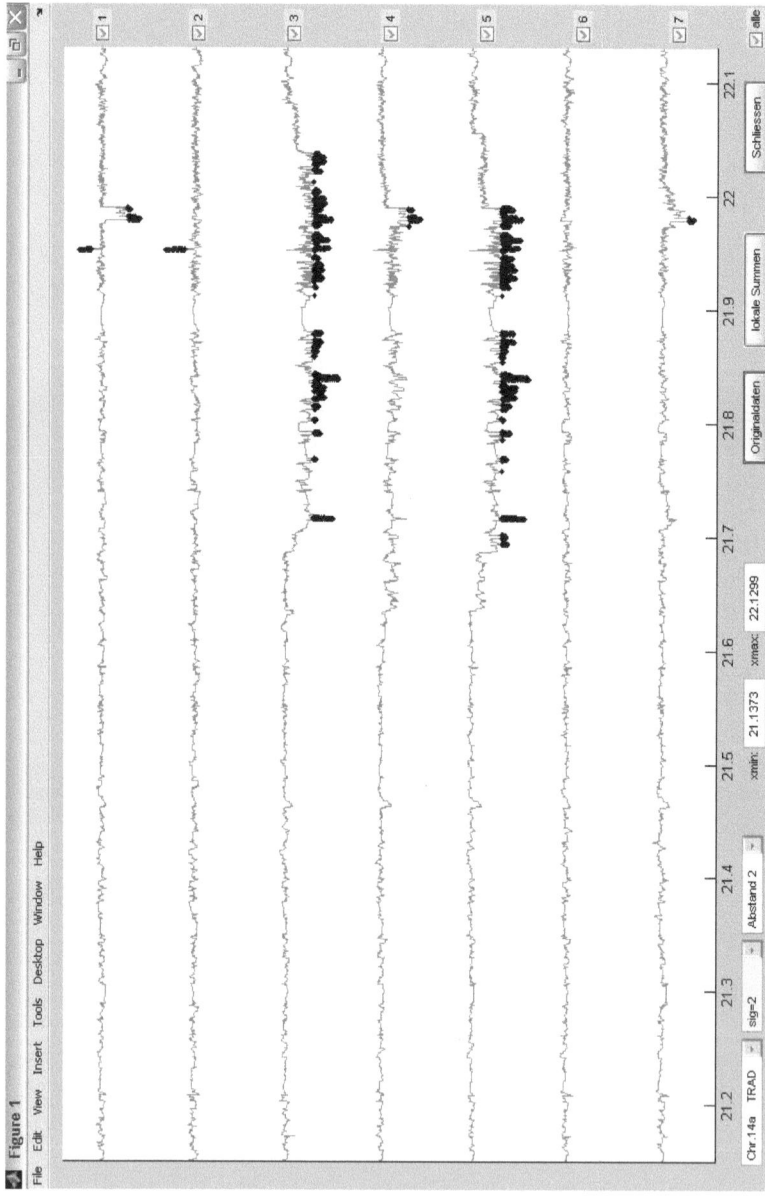

Abb. 4.18.: Interaktive Benutzeroberfläche der 3.Analyse zeigt die lokalen Summen (graue Linien) der 7 Proben im *TRA/D* Genort. Um die Signalunterschiede besser zu erkennen wurde die Sigma-Grenze auf 2 gesetzt. Die erkannten Ausreißer sind schwarz markiert.

4.8. Interaktive Benutzeroberfläche

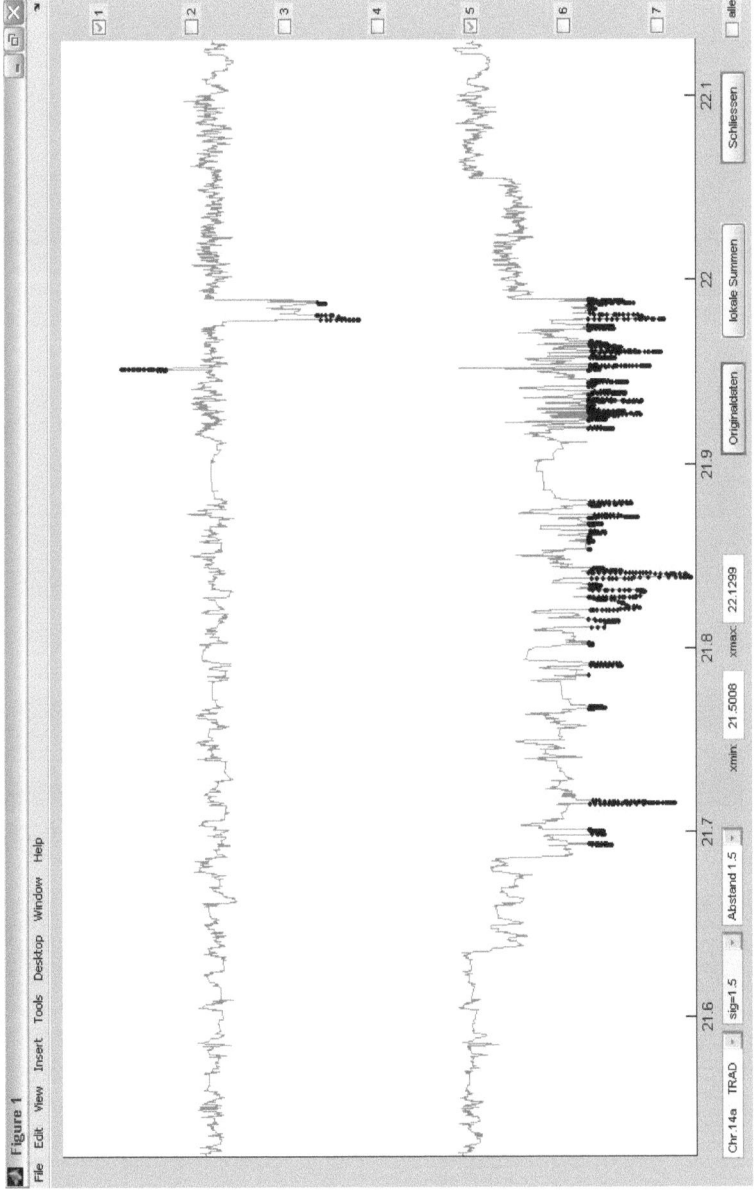

Abb. 4.19.: **Interaktive Benutzeroberfläche der 3. Analyse der lokalen Summen der Probe 1 und 5** im TRA/D Genort im Bereich von 21.508M und 22.1299M mit Anwahl der Sigma-Grenze von 1.5 mit detektierten Ausreißern (schwarz dargestellt). Bei der Probe 1 lässt sich ein Signalverlust bei 21.98M und ein Signalgewinn bei 21.96M erkennen. Bei der Probe 5 ist ein großer Signalverlust zwischen 21.68M und 21.98M sichtbar.

4. Statistische Analyse der Rohdaten

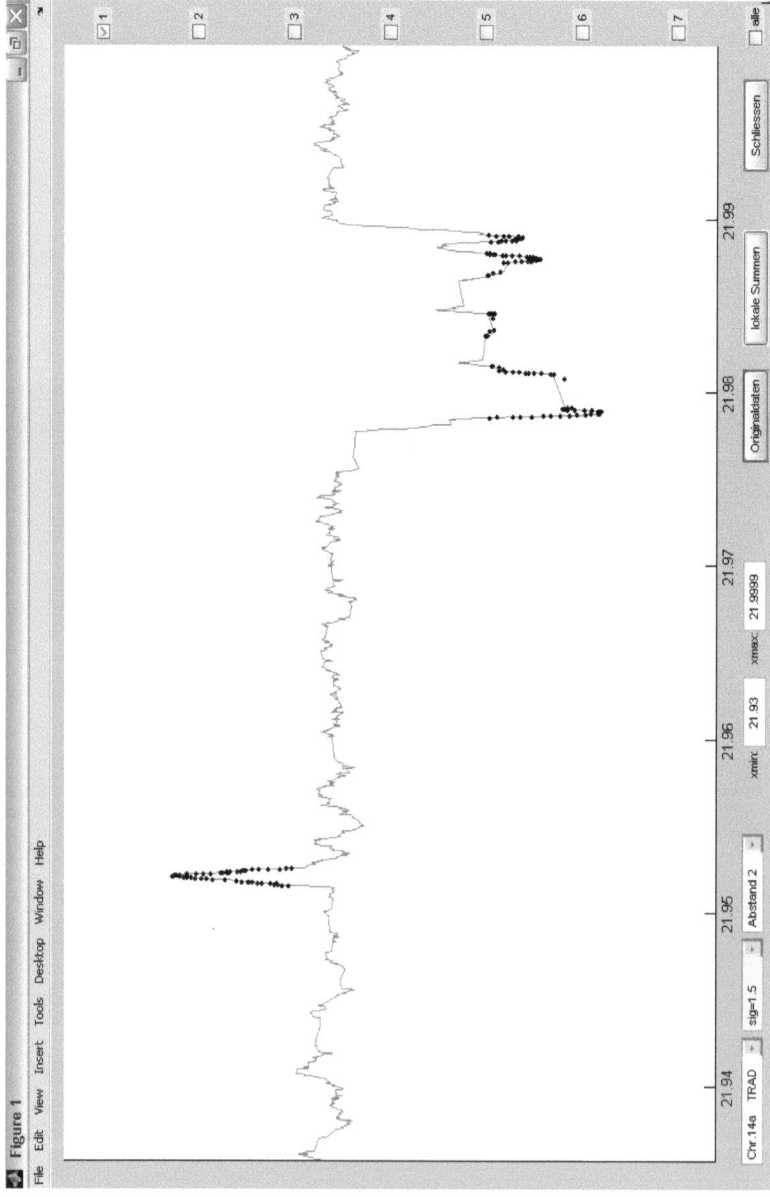

Abb. 4.20.: **Interaktive Benutzeroberfläche der 3.Analyse der lokalen Summen der Probe 1** im *TRA/D* Genort zwischen 21.93M und 21.9999M. Durch die Sigmagrenze von 1.5 lässt sich ein Signalverlust zwischen 21.977M und 21.99M und ein Signalgewinn zwischen 21.952M und 21.954M detektieren (beides schwarz markiert).

4.8. Interaktive Benutzeroberfläche

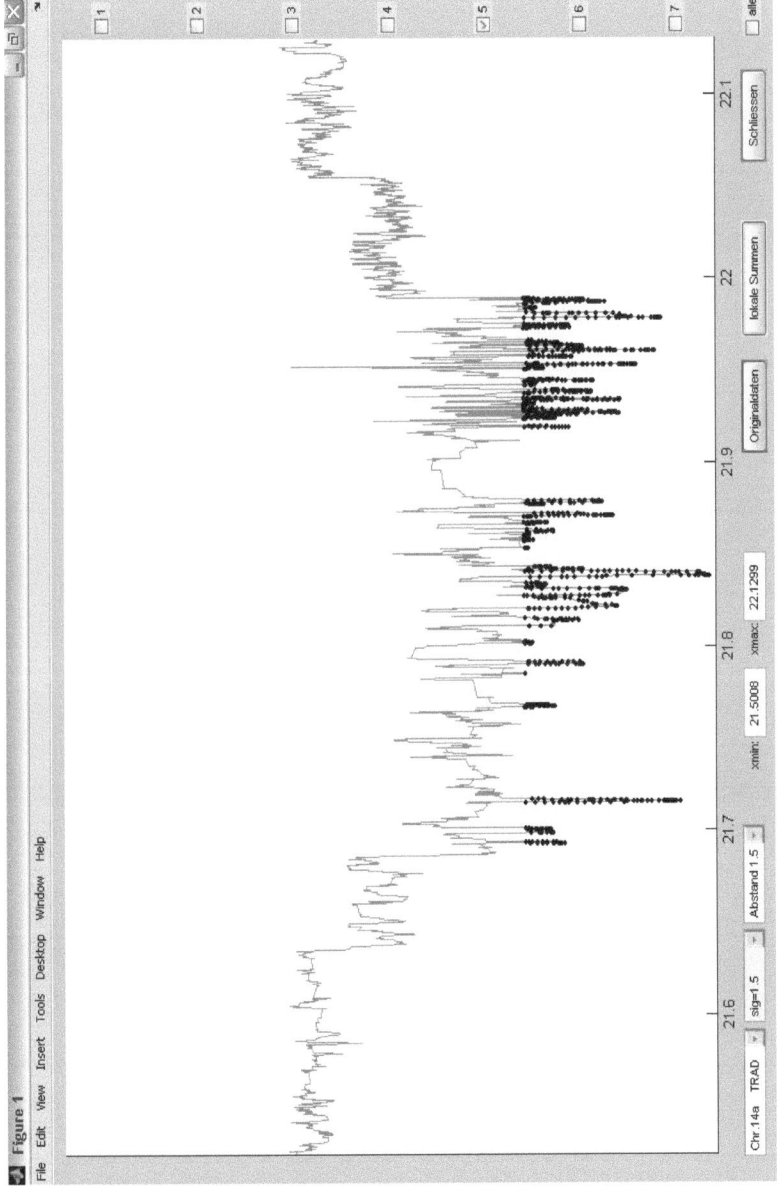

Abb. 4.21.: Interaktive Benutzeroberfläche der 3.Analyse der lokalen Summen der Probe 5 im Bereich von 21.5008M und 22.1299M des TRA/D Genortes. Durch die Anwahl der Signagrenze von 1.5 ist ein Signalverlust im Bereich von 21.68M und 21.98M erkennbar (schwarz markiert).

4. Statistische Analyse der Rohdaten

Die interaktive Benutzeroberfläche ermöglicht durch die Anwahl des analysierten FT-CGH Bereiches (z.B. *Chr.14a TRAD*) eine schnelle Auswahl des zu untersuchenden Bereiches. Die Anwahl der lokalen Summen gibt erste Hinweise auf chromosomale Veränderungen im dargestellten Genort, was durch die nachfolgende Setzung der Sigma-Grenze grafisch dargestellt wird. Durch die Abwahl der Proben, welche keine Veränderungen im betrachteten genomischen Bereich zeigen, kann das Augenmerk verstärkt auf signifikante Proben mit Signalveränderungen gelegt werden. Die Auswahl des Abstandes zwischen den Proben und die Möglichkeit der Veränderung des genomischen Abschnittes führt zusätzlich zur verbesserten Darstellung der Bruchpunktbereiche. Durch diese Auswahlmöglichkeiten wird die Auswertung der Daten vereinfacht, was wiederum zu einer schnelleren gentechnischen Analyse und somit zur Aufklärung der genomischen Bruchpunkte führt.

5. Ergebnisse

Nachfolgend sind die bestätigten genomischen Aberrationen der Zelllinien DAOY und KK1, sowie der fünf Leukämieproben L124/99, 867/05, 274/05, L551/01 und 1365/04 zu finden. Es werden die mittels der FT-CGH erhaltenen Signaldifferenzen in den untersuchten chromosomalen Bereichen beschrieben und die Ergebnisse der LM-PCR dargestellt.

5.1. DAOY Zelllinie

Die Medulloblastomzelllinie DAOY entstand durch Kultivierung von Gehirntumorzellen eines 4-jährigen Jungen [18]. Da es sich um Gehirnzellen und nicht um T-Zellen handelt, wurde die Fine Tiling-CGH nicht im Locus der T-Zell Rezeptoren *alpha/delta* (α/δ, kurz auch: *TRA/D*), *beta* (β, *TRB*) und *gamma* (γ, *TRG*) ausgewertet. In diesen Bereichen finden keine V(D)J Rekombinationen statt und wie zu erwarten, ließ die FT-CGH kein Signalverlust erkennen (Abb.5.1).

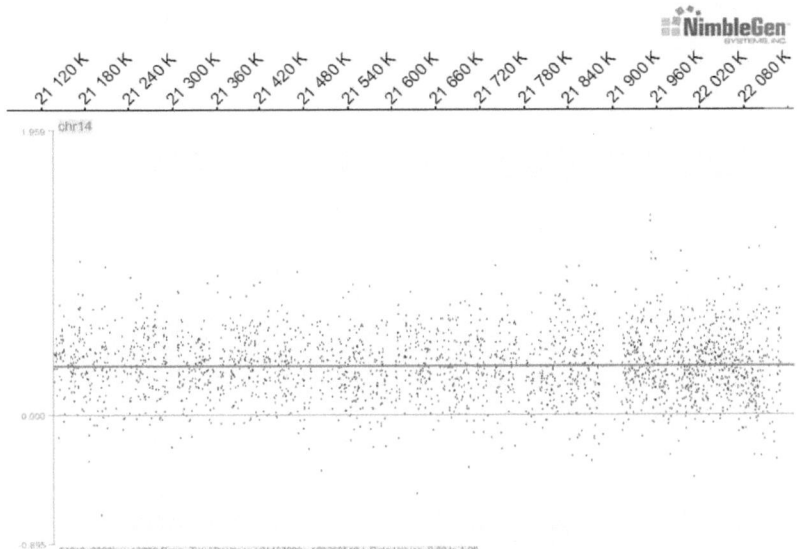

Abb. 5.1.: **FT-CGH der DAOY Zelllinie im *TRA/D* Locus auf Chromosom 14q11** Der *TRA/D* Locus zw. der Position 21,130K und 22M zeigt eindeutig keinen Signalverlust in diesem Bereich. Daher wurde innerhalb dieses Genortes keine LM-PCR durchgeführt.

5. Ergebnisse

Die FT-CGH Analyse der DAOY erfolgte im Bereich von 170M - 173M des Chromosoms 5q35.1 - 5q35.2, in dem auch das Homeoboxgen *NKX2.5* im Nucleotidbereich 172,594,868bp - 172,172,744bp lokalisiert ist. Die Zellline zeigte einen eindeutigen Signalverlust bei 170,135K (Abb.5.2). Bei der Darstellung der FT-CGH ist der komplette Bereich des gemessenen Signalverlustes nicht bestimmbar, da die Analyse den Bereich des Signalverlustes nicht vollständig abdeckte. Somit war die LM-PCR nur mit reverse orientierten Primern im Bereich von 170,136K möglich.

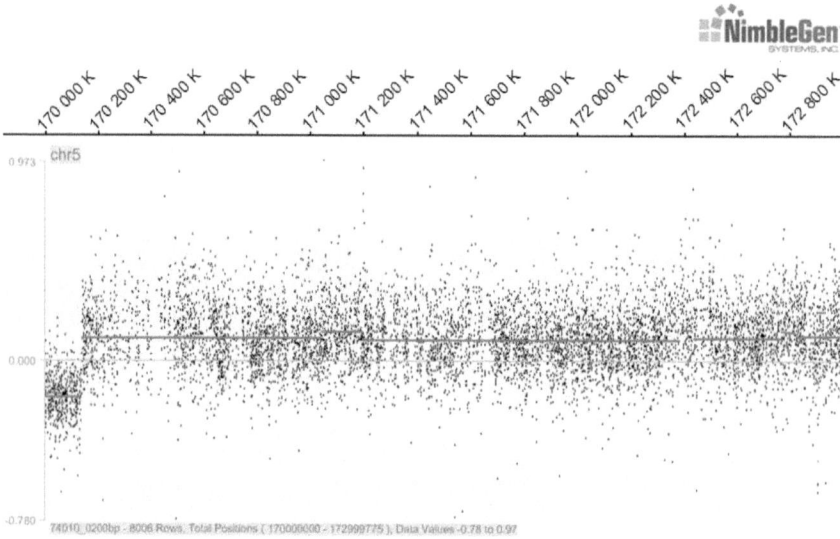

Abb. 5.2.: FT-CGH der DAOY Zelllinie im NKX2.5 Locus auf Chromosom 5q35 Der analysierte Bereich zw. 170M und 173M zeigt einen deutlichen Signalverlust im Bereich von 170,135K. Der Beginn des Signalverlustes centromer dieses Bruchpunktes ist nicht zu erkennen, da dieser außerhalb des analysierten Bereiches zu beginnen scheint. Zur genaueren Klärung der chromosomalen Veränderungen wurde die LM-PCR mit reverse orientierten Primern im Bereich von 170,136K durchgeführt.

Die LM-PCR wurde an DAOY Zellen und der HEK 293-T Zelllinie als Kontrolle mit sechs verschiedenen *Genome Walker* DNA-Restriktionen (*DraI, PvuII, EcoRV, StuI, SmaI und HindII*) durchgeführt. Hierbei wurden die beiden reverse orientierten Primer KCNIP-r1 (Chr.5, Position: 170,135,484-507bp) und der nested KCNIP-r17 Primer (Chr.5, Position: 170,134,831-860bp) zusammen mit den Primern AP1 bzw. AP2 eingesetzt. Anschließend wurden 10 µl des PCR-Produktes auf ein 1,5%-iges Gel aufgetragen. Atypische PCR Fragmente der DAOY Probe, die bei *DraI* (630bp), *EcoRV* (3500bp) und *StuI* (1500bp) im Vergleich zur 293-T Germline sichtbar waren (Abb.5.3), wurden aus dem Gel ausgeschnitten, mit dem Qiagen Extraktionskit aufgereinigt und anschließend sequenziert.

5.1. DAOY Zelllinie

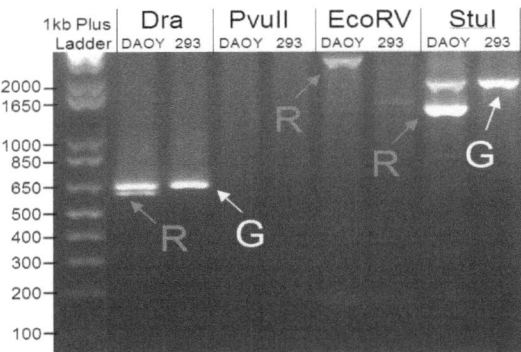

Abb. 5.3.: LM-PCR der DAOY im Bereich 5q35.1 Aufgetragene PCR-Produkte der nested PCR mit den Primern KCNIP-r17/AP2 (*1.Runde Primer: KCNIP-r1/AP1*) zeigten im *DraI*, *EcoRV* und *StuI* Verdau neben der zur erwarteten Germline Konfiguration (G) atypische Banden (mit R markiert). Nach der Gelextraktion dieser atypischen Banden wurden diese zur Sequenzierung verschickt.

Die Sequenzen der PCR Fragmente (Abb.5.3) wurde mit Hilfe der „California Santa Cruz Genome Bioinformatics" Datenbank (BLAT) abgeglichen. Die Auswertung ergab eine Zusammenlagerung des Chr.5q35 zwischen den Positionen 169,417,566bp und 170,134,526bp (Abb.5.4).

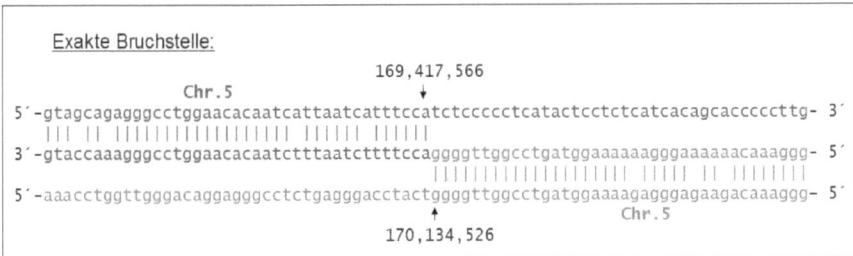

Abb. 5.4.: Bruchsequenz der DAOY Zelllinie Die Analyse der Sequenzierung ergab im Bereich des Chr.5q35.1 eine Zusammenlagerung der Sequenz zwischen den Nucleotidpositionen 169,417,566bp und 170,134,526bp. Als Folge dieser Zusammenlagerung wurden 716,960bp deletiert.

Die Deletion auf molekularer Ebene zeigt, dass mehrere Gene durch die chromosomale Aberration betroffen sind (Abb.5.5). Der erste Bruchpunkt bei 169,417,566bp fand innerhalb des Gens *DOCK2* (*dedicator of cytokinesis 2*) statt. Dieses Gen ist auf dem chromosomalen Abschnitt 5q35.1 zwischen den Nucleotidpositionen 168,996,871bp und 169,442,959bp lokalisiert. Der zweite Bruchpunkt an der Stelle 170,134,526bp liegt zwischen den Genen *KCNIP1* (*Kv channel interacting protein 1*) und *GABRP* (*gamma-aminobutyric acid (GABA) A receptor, pi*).

75

5. Ergebnisse

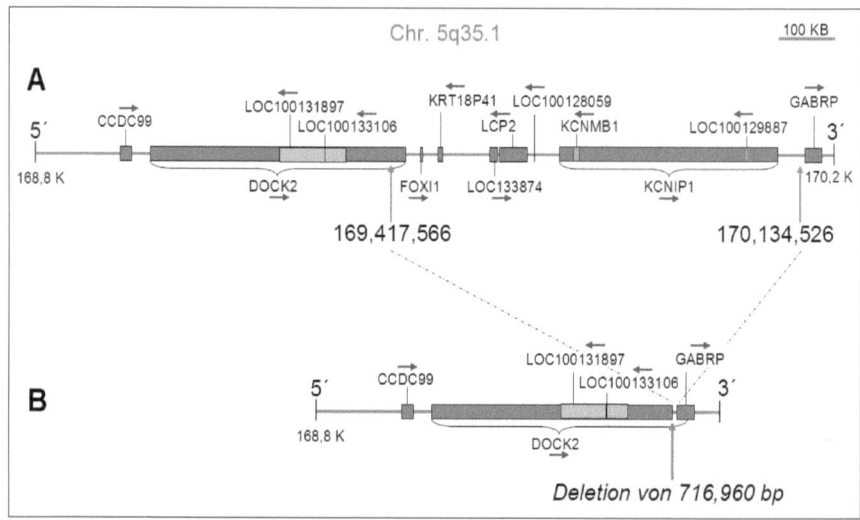

Abb. 5.5.: Deletion der DAOY Zelllinie A: Betroffene Gene innerhalb der 5q35.1 Region. Der erste Bruchpunkt bei 169,417,566bp liegt innerhalb der *DOCK2* Gensequenz, wodurch dieses Gen des analysierten Allels nicht vollständig abgelesen werden kann. Der zweite Bruch befindet sich zwischen dem *KCNIP1* Gen und dem *GABRP* Gen. **B:** Durch die Deletion von 716,960bp wurde der 5'- Bereich des *DOCK2* Gens mit dem *GABRP* Gen zusammengelagert. Die kleinen waagerechten Pfeile zeigen die Ableserichtung der Gene.

Durch die Deletion von ca. 717K wurden mehrere Gene des untersuchten Allels vollständig entfernt, wobei mehrere hypothetische Gene (z.B. *LOC100131897*, *LOC100133106*, ...) und die Gene: *FOXI1 (forkhead box I1)*, *KRT18P41 (keratin 18 pseudogene 41)*, *LCP2 (lymphocyte cytosolic protein 2)*, *KCNMB1 (potassium large conductance calcium-activated channel, subfamily M, beta member 1)* und *KCNIP1 (Kv channel interacting protein 1)* betroffen sind. Bei hypothetischen Genen handelt es sich um eine Sequenzabfolge die aufgrund ihrer Eigenschaften durch Transkription und Translation in ein Protein umgewandelt werden könnte.

Des Weiteren wurde bei dieser chromosomalen Veränderung auf molekularer Ebene das 3´-Ende des *DOCK2* Gens inklusive des Stopcodons deletiert. Bei der Transkription dieses Gens wird somit erst das nachfolgende Stopcodon vom *GABRP* Gen erkannt. Hypothetisch ist somit die Entstehung einer veränderten mRNA möglich, das aus dem 5'-Ende des *DOCK2* Gens und dem *GABRP* Gen bestehen könnte. Um das Vorhandensein einer solchen Fusions-mRNA in der DAOY zu prüfen, wurde eine PCR auf cDNA Ebene mit spezifischen Primern (RT-Dock2-f1 bzw. RT-GABRP-r2) durchgeführt (Siehe Tab.2.12). Es handelt sich bei dem RT-Dock2-f1 Primer um einen forward orientierten Primer, der im 44.Exon der insg. 52 Exone des *DOCK2* Gens lokalisiert ist. RT-GABRP-r2, als reverse orientierter Primer, bindet im 4.Exon der *GABRP* Gens. Das zu erwartende PCR-Produkt der DAOY Zelllinie hat eine Größe von 386bp (Siehe Abb.5.6).

5.1. DAOY Zelllinie

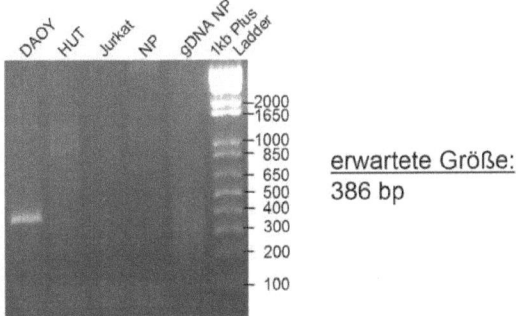

Abb. 5.6.: PCR zur Überprüfung der Fusions-mRNA DOCK2-GABRP wurde auf cDNA Ebene bei den Zelllinien DAOY, HUT, Jurkat und einer Normalperson (NP) durchgeführt. Die Primer wurden ebenfalls bei der gDNA einer NP eingesetzt, um unspezifische Primerbindungen auszuschließen.

Das ca. 400bp große PCR-Produkt der DAOY Zelllinie wurde aus dem Gel geschnitten, aufgereinigt und anschließend sequenziert. Die Sequenzierung bestätigte die Fusions-mRNA der involvierten Gene *DOCK2* und *GABRP* (Abb.5.7). Das *DOCK2* Gen liegt auf dem Chr.5q35.1 im Bereich von 168,996,871bp - 169,442,959bp. Der Bruchpunkt an der Nucleotidposition 169,417,566bp liegt innerhalb des Gens zwischen dem 44.Exon (169,417,162bp - 169,417,248bp) und dem 45.Exon (169,427,092bp - 169,427,268bp). Der zweite Bruchpunkt der Deletion an der Position 170,134,526bp ist zwischen den Genen *KCNIP1* und *GABRP* lokalisiert (Abb.5.7). Durch das fehlende Stopcodon des *DOCK2* Gens erkennt die RNA-Polymerase bei der *DOCK2* Translation erst das Stopcodon des *GABRP* Gens, wodurch eine veränderte und verlängerte mRNA beider Gene entsteht.

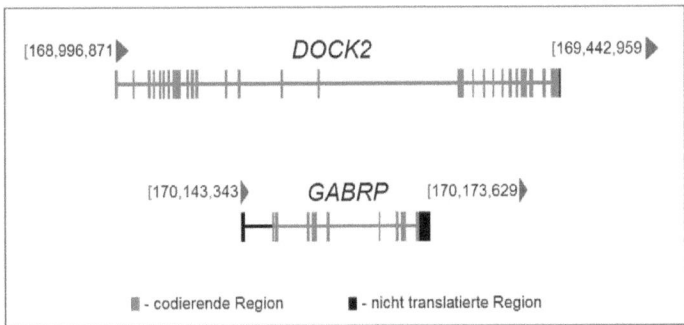

Abb. 5.7.: Involvierte Gene der Fusions-mRNA der DAOY Zelllinie *DOCK2* ist im humanen Genom auf Chr.5q35.1 zw. der Nucleotidposition 168,996,871bp und 169,442,959bp mit einer Größe von 446K lokalisiert. Die mRNA hat eine Länge von 6050bp und besteht aus insgesamt 52 Exons. *GABRP* ist mit rund 30K ein eher kleineres Gen, das zwischen der Position 170,143,343bp und 170,173,629bp auf Chr.5 liegt. Die *GABRP*-mRNA besteht aus 10 Exons mit einer Gesamtlänge von 3282bp.

5.2. Lymphoblastische T-Zell-Leukämie L124/99

Bei dieser Patientenprobe wurde durch die Fluoreszenz *in situ* Hybridisierung (kurz: FISH) in rund 39% der Zellen die Translokation t(12;14)(q23 24;q11.2) nachgewiesen (Abb.5.8). Mittels der telomer und centromer gelegenen *TRA/D* Sonden RPCl11-242H9, RPCl11-447G18 und RPCl11-678M7 konnte der Bruch auf den T-Zell Rezeptor Genort (14q11.2) eingegrenzt werden [33]. Der *TRA/D* Genort wurde hierbei auf einem Allel zerrissen und hat sich mit dem 12q23~24 Genort des Chromosom 12 zusammengelagert.

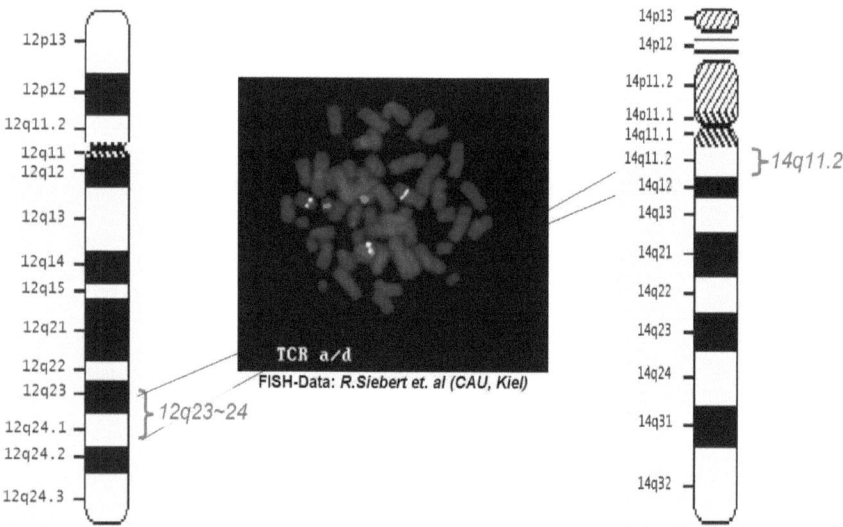

Abb. 5.8.: FISH-Analyse der Probe L124/99 Die Darstellung zeigt die mit *TRA/D* Sonden nachgewiesene Translokation t(12;14)(q23~24;q11.2) in der Patientenprobe L124/99.

Bei dieser Patientenprobe war der Anteil der malignen Zellen, welche die Translokation (12;14)(q23~24;q11.2) aufwiesen, sehr gering. Es stellte sich die Frage, ob die Kombination von FT-CGH und LM-PCR die Klärung der Translokation auf molekularbiologischer Ebene zuließe.

Im Bereich des *TRA/D* Genortes wies die FT-CGH Analyse eindeutig messbare Signalunterschiede auf, die mit dem Verlust genomischen Materials gleichbedeutend sind. Dieses ist durch die vier Bruchpunkte in den Bereichen: 21,706K, 21,925K, 22,014K und 22,036K erkennbar (Abb.5.9).

5.2. Lymphoblastische T-Zell-Leukämie L124/99

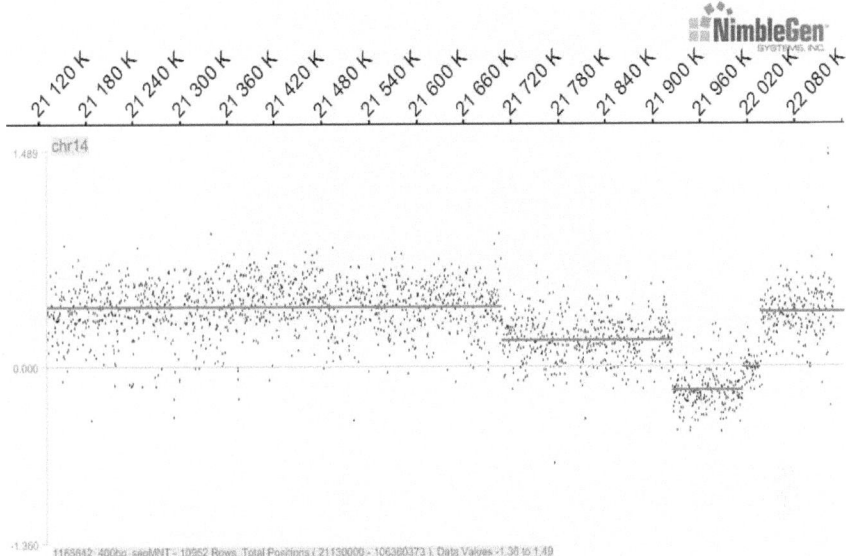

Abb. 5.9.: FT-CGH der Probe L124/99 des *TRA/D* auf Chromosom 14q11.2 Innerhalb des *TRA/D* sind deutliche Signalunterschiede durch vier verschiedene Bruchpunkte zu erkennen. Hierbei wurde zwischen 21,706K und 22,036K der Verlust des genetischen Materials eines bzw. beider Allele detektiert. Zur genauen Klärung diese visuellen Bruchpunkte wurde nachfolgend die LM-PCR durchgeführt.

Zunächst wurde die LM-PCR mit den reverse orientierten Primern TRAJ40-r3/r4, lokalisiert auf Chromosom 14 im genomischen Bereich zw. 22,037,782bp und 22,037,633bp, durchgeführt. Mit dieser PCR wurde eine Umlagerung innerhalb des *TRA/D* Genortes zwischen *TRAV30* und *TRAJ42* in der L124/99 bestätigt. Die Bruchpunkte dieses Rearrangements liegen hierbei bei den Nucleotidpositionen 21,706,719bp und 22,035,717bp. Die beiden verbleibenden Bruchpunkte an der Stelle von 21,925K und 22,014K wurden ebenfalls mit der LM-PCR analysiert.

Der 22,014K Bruchpunkt des *TRA/D* Locus wurde mit reverse orientierten Primern psJa(+208)/ psJa(+126) analysiert. Bei dieser LM-PCR wurden atypische Fragmente (Abb.5.10) der *DraI* und *StuI* Genome Walker Bibliothek beobachtet. Diese wurden vom Gel extrahiert und anschließend zur Sequenzierung versendet.

5. Ergebnisse

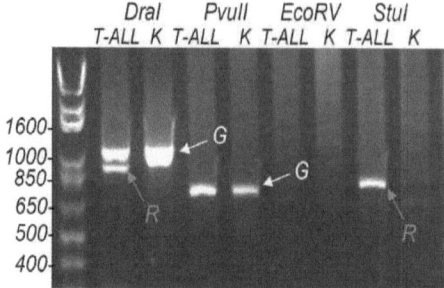

Abb. 5.10.: LM-PCR der L124/99 im Bereich 14q11.2 Aufgetragene PCR-Produkte der nested PCR mit den Primern psJa(+126)/AP2 (*1.Runde Primer: psJa(+208)/AP1*) zeigten im *DraI* und *StuI* Verdau neben der zur erwarteten Germline Konfiguration (G) atypische Banden (R) der T-ALL Probe im Vergleich zur Kontrolle (K). Diese beiden Banden wurden vom Gel ausgeschnitten, aufgereinigt und anschließend sequenziert.

Das Chromatogramm und der Datenabgleich der dazugehörigen Sequenz mit der BLAT-Datenbank (Tab.2.14) zeigt eine Zusammenlagerung der Nucleotidposition 22,014,171bp von Chr. 14q11 und der Position 102,351,348bp des Chr.12q23. Bei diesem Ereignis wurden 7 Nucleotide (*TCCTCTT*) zwischen beide Sequenzen eingefügt (Abb.5.11).

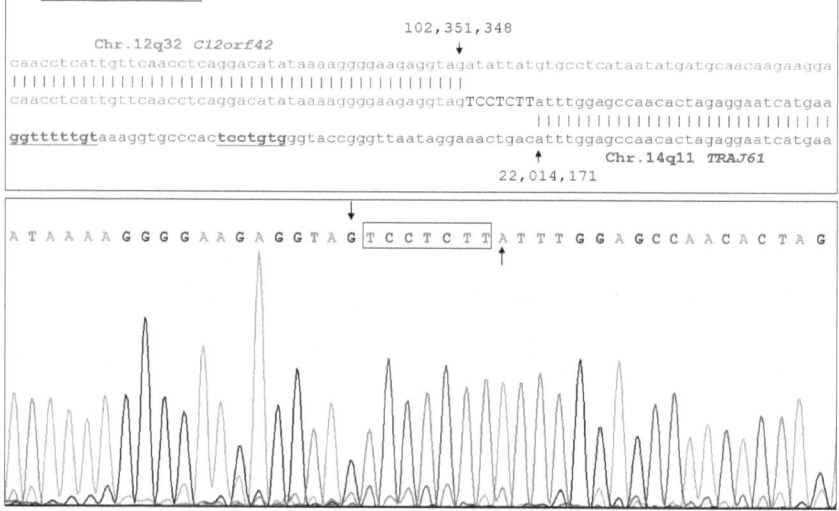

Abb. 5.11.: Sequenzierung der atypischen Banden der L124/99 offenbarte die Translokation t(12;14)(q23q11). Der Bruchpunkt von 12q23 liegt bei Position 102,351,348bp und von 14q11 bei Position 22,014,171bp.

5.2. Lymphoblastische T-Zell-Leukämie L124/99

Der 12q23 Bruchpunkt befindet sich innerhalb des hypothetischen Gens *C12orf42* (Abb.5.12), wodurch die Sequenz des betroffenen Allels zerstört wurde. Weiterhin kann man im Bereich des *TRAJ61* die typischen V(D)J Sequenzen finden. Diese Sequenzen sind für die Rekombinase und die Umlagerung zur T-Zell-Rezeptor Bildung notwendig. Die Bestätigung diese Translokation wurde mit einer PCR auf genomischer DNA in dieser T-ALL Probe durchgeführt.

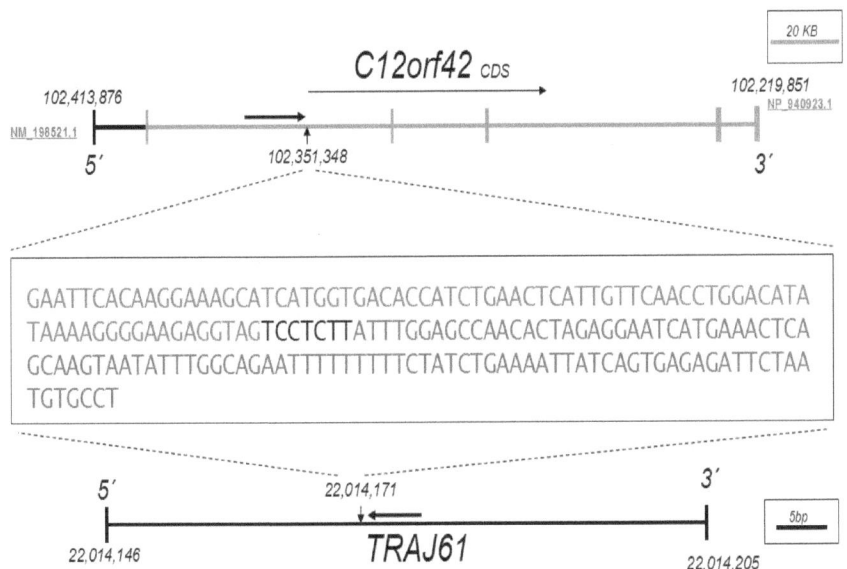

Abb. 5.12.: Translokation t(12;14)(q23q11) bei der L124/99 Die Translokation fand zwischen dem *C12orf42* Gen an der Nucleotidposition 102,351,348bp des Chromosoms 12 und dem *TRAJ61* Fragment des *TRA/D* Genortes mit der Position 22,014,171bp des Chromosoms 14 statt. Hierbei wurde der 5'- Bereich des *C12orf42* Gens (inkl. der ersten zwei Exone) mit dem 5´- Bereich des *TRAJ61* zusammengelagert (durch die beiden schwarzen Pfeile angezeigt).

Die forward orientierten Primer TRDV2-f7/ f8 wurden im Bereich von 21,924,425bp und 21,924,519bp innerhalb des *TRA/D* bei einer LM-PCR eingesetzt, um den verbleibenden 21,925K Bruchpunkt zu analysieren. Die Sequenzierung der atypischen Fragmente dieser LM-PCR offenbarte den zweiten *TRA/D* Bruchpunkt der Translokation t(12;14)(q23q11). Die Auswertung der Sequenzierung durch die BLAT-Datensuche zeigte, dass es zur Zusammenlagerung der *TRA/D* Sequenz an der Bruchstelle 21,925,057bp (Chr.14q11) mit dem Bruchpunkt 102,352,691bp des Chr.12q23 gekommen ist (Abb.5.13).

5. Ergebnisse

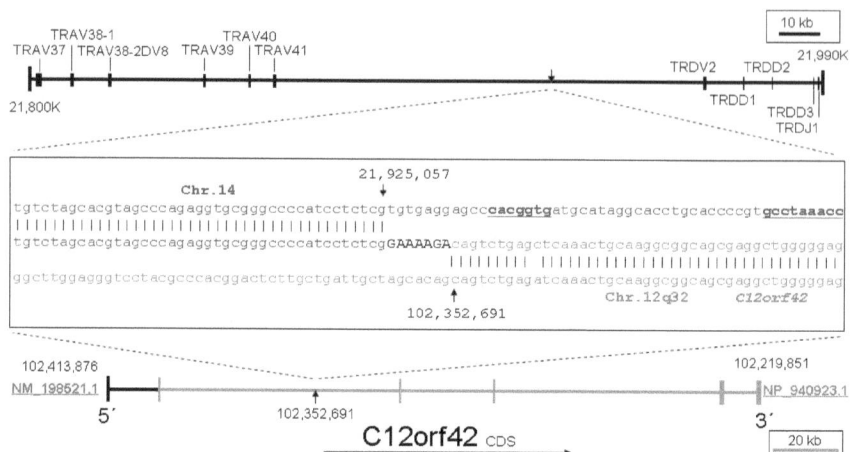

Abb. 5.13.: Zweiter Bruchpunkt der Translokation t(12;14)(q23q11) der L124/99 zeigt, dass auch hierbei *C12orf42* beteiligt ist. Der Bruchpunkt liegt zwischen dem 2. und 3.Exon des *open reading frames*. Der 14q11 Bruch an der Stelle 21,925,057bp ist zwischen *TRAV41* und *TRDV2* lokalisiert.

Die FT-CGH Analyse des *TRA/D* Locus der untersuchten T-ALL zeigt die beiden Bruchpunkte im Bereich 21,925K (dRec) und 22,014K *(TRAJ61)*, die bei der Translokation t(12;14)(q23q11) involviert sind (Abb.5.14).

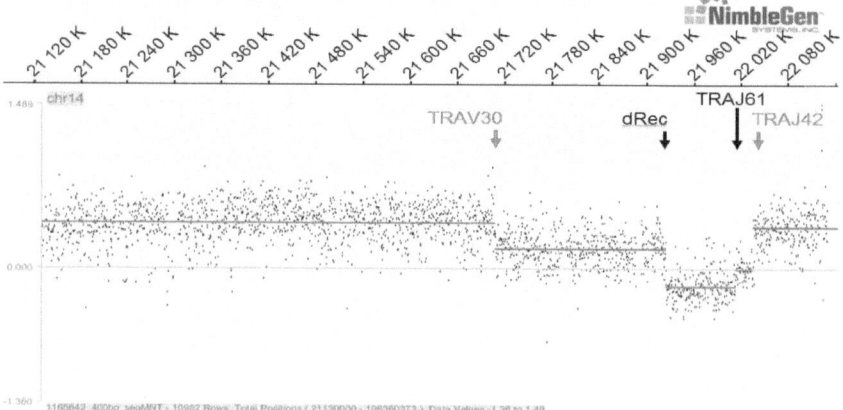

Abb. 5.14.: Ermittelte Umlagerungen des *TRA/D* Genortes (14q11.2) der L124/99 Die markierten Bruchpunkte der FT-CGH zeigen die Zusammenlagerung zwischen *TRAV30* und *TRAJ42* innerhalb des T-Zell-Rezeptor Genortes. Des Weiteren sind die beiden Bruchpunkte *dRec* und *TRAJ61* erkennbar, die bei der Translokation t(12;14)(q23q11) der analysierten T-ALL beteiligt sind.

5.2. Lymphoblastische T-Zell-Leukämie L124/99

Bei dieser Translokation t(12;14) kam es zur Deletion von insg. 89,114bp innerhalb des *TRA/D* Locus zwischen den Bruchpunkten 21,925,057bp und 22,014,171bp. Auf Chr.12q23 kam es zu einem Sequenzverlust von 1,343bp zwischen den Positionen 102,351,348bp und 102,352,691bp. Bei diesem Ereignis wurde im Chromosomenabschnitt 12q32 das *open reading frame C12orf43* zerstört (Abb.5.15).

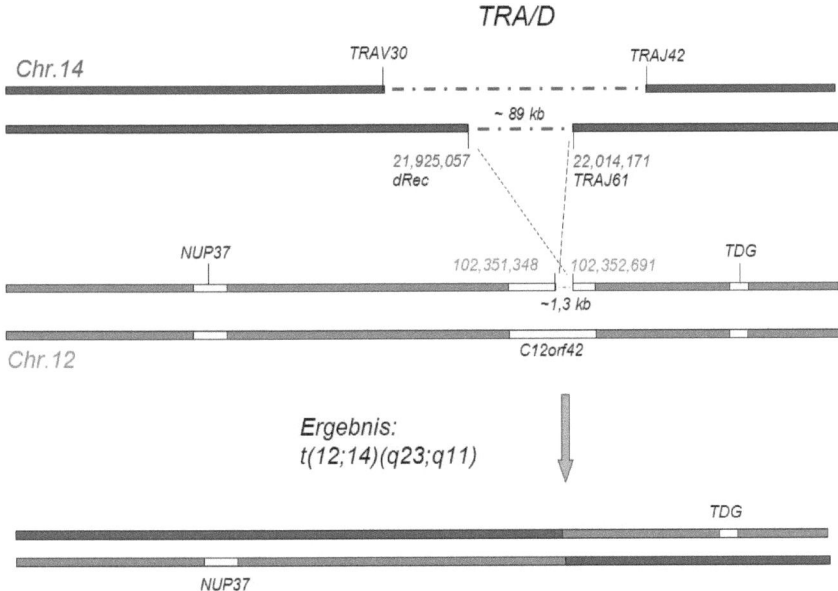

Abb. 5.15.: Ergebnis der Translokation t(12;14)(q23q11) bei der L124/99 zeigt auf dem 14q11 Allel innerhalb des *TRA/D* eine Deletion von ca. 89K. Die Bruchenden wurden hierbei mit Chr.12q23 im Bereich des *C12orf42* zusammengelagert. Bei dieser chromosomalen Aberration wurde die Sequenz des Gens zerstört und zwischen den beiden Bruchpunkten 102,351,348bp und 102,352,691bp rund 1,3K deletiert.

5.3. T-ALL Patientenprobe 867/05

In der Patientenprobe 867/05 mit der Diagnose einer akuten lymphoblastischen T-Zell-Leukämie (T-ALL) konnte mittels FISH in 68% der peripheren Blutzellen ein Bruch innerhalb des TRA/D Genortes nachgewiesen werden. Die FISH Analyse des TRA/D (14q11) mit den Sonden: RPCl11-242H9, RPCl11-447G18 und RPCl11-678M7 und des Immunglobulin Genortes der schweren Kette (IGH, 14q32) ließ auf die genetische Aberration einer Inversion inv(14)(q11q32) schließen.

In dieser Probe wurde die FT-CGH Analyse auf den TRA/D und den IGH Bereich angewendet, um genauere Aussagen über die chromosomale Aberration machen zu können. Da im Immunglobulingenort viele repetitive Sequenzen vorhanden sind und eine spezifische Primerbindung nicht gewährleistet war, wurden die LM-PCRs im TRA/D Locus durchgeführt.

Die Grafik 5.16 zeigt die FT-CGH Analyse des TRA/D Genortes auf Chr.14q11 zw. 21,130K und 22,130K. In diesem Abschnitt sind vier Bruchstellen bei 21,635K, 21,976K, 21,989K und 22,093K erkennbar. Diese wurden mit Hilfe der LM-PCR analysiert.

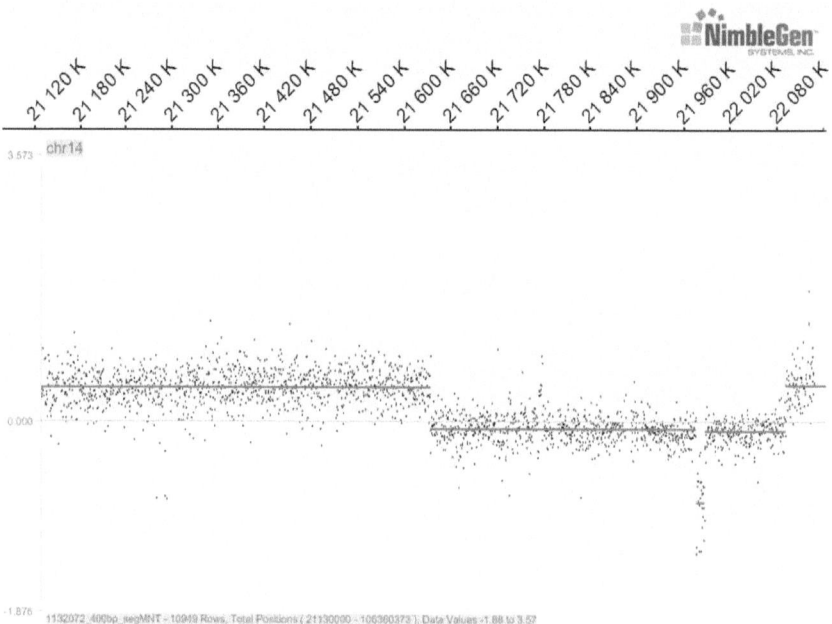

Abb. 5.16.: FT-CGH Analyse des TRA/D Genortes (14q11) der Probe 867/05 zeigt im Bereich von 21,130K bis 22,300K vier klar voneinander abgrenzende Bruchpunkte an den Positionen 21,635K, 21,976K, 21,989K und 22,093K.

5.3. T-ALL Patientenprobe 867/05

Die LM-PCR wurde im Bereich von 21,635K mit forward orientierten Primern Vδ1-for(-275)/ Vδ-for(-69) (Siehe Tab.2.11) begonnen. Bei dieser PCR wurde die Germline-Konfiguration bei der untersuchten Probe 867/95 und der 293-T (als Kontrolle) in *DraI*, *PvuII* und *EcoRV* beobachtet (Abb.5.17). Die atypische *EcoRV* Bande der T-ALL 867/05 mit einer Größe von 1,400bp wurde genomisch per Sequenzierung analysiert.

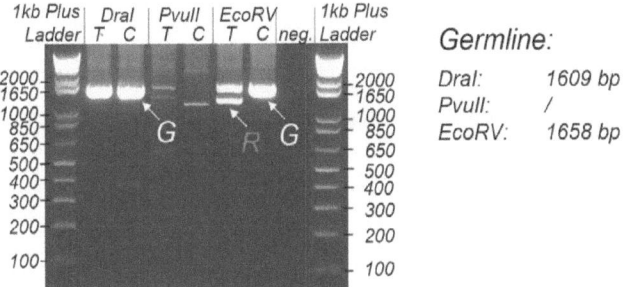

Abb. 5.17.: **Aufgetragene LM-PCR des *TRA/D* Locus mit den Primern V1-for(-275)/AP2** von der 867/05 (Testprobe, T) und 293-T Kontrolle (C). Die Germline Konfiguration zeigte ein PCR Fragment in *DraI* (1609bp) und in *EcoRV* (1658bp). Bei *PvuII* wurde kein PCR Fragment erwartet. Zusätzlich zur *EcoRV* Germline wurde bei der 867/05 Probe im Vergleich zur 293-T eine atypische Bande (1400bp, R) detektiert. Diese wurde zur Klärung vom Gel extrahiert, aufgereinigt und sequenziert.

Die Sequenzierung der atypischen *EcoRV* Bande der 867/05 Probe und deren Sequenzabgleich mit der BLAT-Datenbank zeigte ein normales Rearrangement zwischen *TRDV1* und *TRDJ1* innerhalb des *TRA/D* Genortes auf einem Allel. Der *TRDJ1* Bruchpunkt an der Position 21,989K war ebenfalls in der FT-CGH Analyse des T-Zell-Rezeptor Locus als Bruch mit einem Signalverlust sichtbar.

Das *TRDV1-TRDJ1* Rearrangements wurde anschließend auf genomischer Ebene mit den genspezifischen Primern Vδ1(-69) und Jδ1(+189) mittels einer normalen PCR bei der 867/05 Probe als 304bp großes Fragment bestätigt und sequenziert (Abb.5.18).

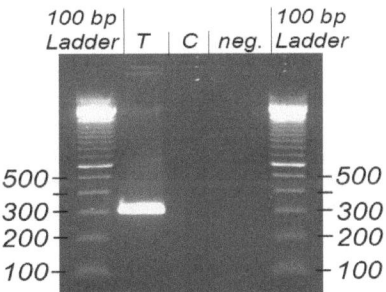

Abb. 5.18.: **Bestätigung des *TRA/D* Rearrangements der 867/05** auf gDNA Ebene mit den Primern Vδ1(-69) und Jδ1(+189). Die PCR der T-ALL (T) zeigt ein 304bp großes Produkt. Wie erwartet, wurde bei der 293-T Kontrolle (C), wie auch bei der negativen Kontrolle kein PCR Fragment beobachtet.

5. Ergebnisse

Von den beiden verbleibenden T-Zell-Rezeptor Bruchpunkten: 21,976K und 22,093K wurde zunächst die Position 21,976K mit den forward orientierten Primern Dδ2-for(-73) und Dδ2-for(-41) in einer nested LM-PCR analysiert. Die atypischen Banden dieser PCR wurden aufgereinigt und sequenziert.

Der Sequenzabgleich mit genomischen Datenbanken zeigte die Inversion inv(14)(q11q32) (Abb.5.19). Die Sequenzbruchpunkte wurden im 14q11 Bereich an Position 21,977,838bp und im 14q32 Bereich innerhalb des *IGH* Locus an der Position 105,948,661bp ermittelt.

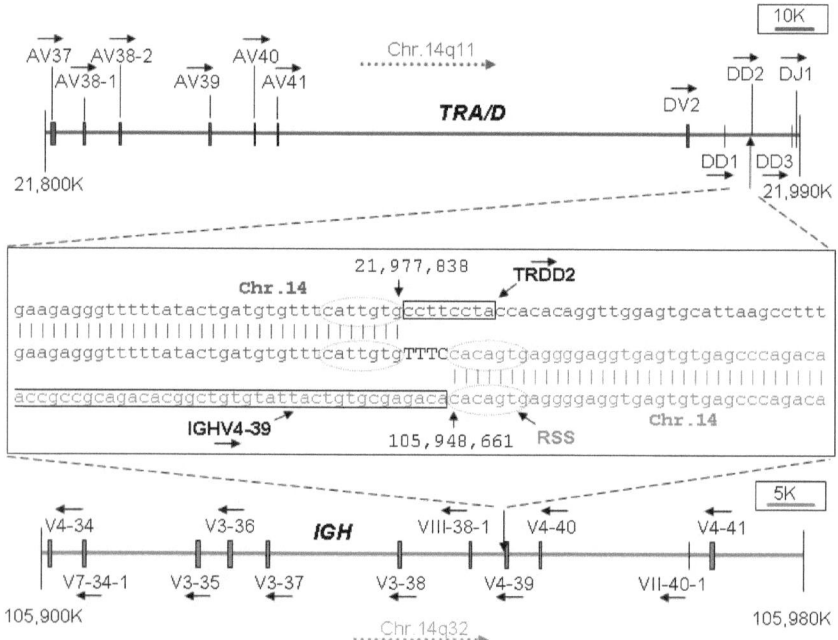

Abb. 5.19.: Erster Bruchpunkt der Inversion inv(14)(q11q32) der Probe 867/05 Bei der chromosomalen Aberration kam es zum Bruch innerhalb des *TRA/D* Genortes an der Position 21,977,838bp. Dieser Bruchpunkt liegt telomer des *TRDD2* Fragmentes. Diese *TRA/D* Sequenz wurde mit dem *IGH* Locus im Bereich von 105,948,661bp, der centromer des *IGHV4-39* Fragmentes lokalisiert ist, zusammengelagert. Die Sequenz zeigt deutlich die Involvierung der rekombinanten Signalsequenzen (RSS). Diese spielen bei der Rekombinase der V(D)J Umlagerung eine Rolle.

Der Abgleich der Sequenzen mit genomischen Datenbanken offenbarte auf einem Allel die Zusammenlagerung der *TRA/D* Sequenz an der Position 21,977,838bp mit der *IGH* Sequenz des Chromosoms 14 an der Position 105,948,661bp. Hierbei wurde der *IGH* Bereich, der centromer

5.3. T-ALL Patientenprobe 867/05

des detektierten *IGH* Bruchpunktes gelegen ist, zum *TRA/D* Locus verlagert. Ebenfalls zeigte die Sequenzanalyse die Zusammenlagerung zweier RSS Sequenzen (Abb.5.19). Diese Sequenzen sind für das Enzym Rekombinase für die Bildung der Immunglobuline bzw. der T-Zell-Rezeptoren von großer Bedeutung. Die Rekombinase erkennt diese spezifischen Sequenzen und kann gezielt an diesen Sequenzen schneiden, wodurch V(D)J Umlagerungen stattfinden. Dies gewährleistet die Variabilität der Immunglobuline bzw. der T-Zell-Rezeptoren.

Die Analyse des verbleibenden 22,093K Bruchpunktes, downstream des *TRA/D* Locus, wurde mit den reverse orientierten Primern TRAC-r8/r11 durchgeführt (Tab.2.11). Die LM-PCR zeigte neben der erwarteten Germline Konfiguration: *DraI* mit 825 bp und *EcoRV* mit 871bp jeweils ein zusätzliches PCR Fragment bei der 867/05 Probe (Abb.5.20).

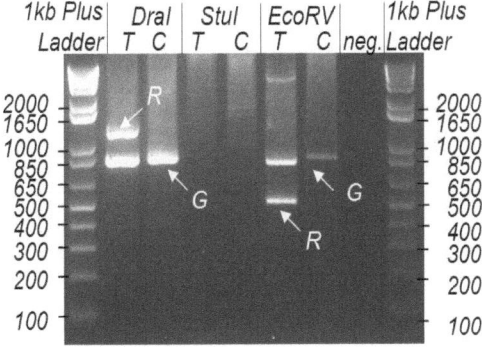

Germline:
DraI: 825 bp
StuI: -
EcoRV: 871 bp

Abb. 5.20.: LM-PCR der 867/05 Probe und 293-T Kontrolle mit den genspezifischen Primern TRAC-r8/r11 im *TRA/D* Genorte zeigte neben der *DraI* und *EcoRV* Konfiguration in der 867/05 Probe jeweils eine atypische Bande. Diese wurde vom Gel extrahiert, aufgereinigt und sequenziert.

Die Auswertung der Sequenzierung der beiden atypischen Banden bestätigte die Inversion inv(14)(q11q32) zwischen dem *TRA/D* und dem *IGH* Locus. Der Bruchpunkt im 14q11 Bereich wurde auf Position 22,092,696bp ermittelt. Durch den Sequenzabgleich der UCSC BLAT-Datenbank (Tab.2.14) konnte dieser auf einen Bereich telomer der konstanten Region des *TRA/D* lokalisiert werden. Innerhalb des *IGH* Genortes (14q32) kam es bei dieser Inversion an der Position 106,166,169bp zum DNA-Bruch, wodurch es zur Zusammenlagerung der Genorte *TRA/D* und *IGH* kam (Abb.5.21).

5. Ergebnisse

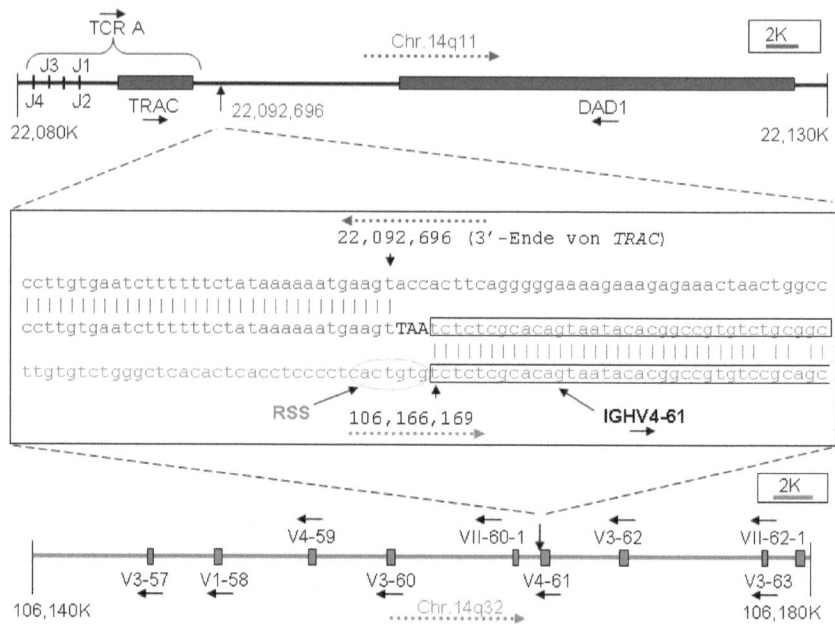

Abb. 5.21.: Zweiter Bruchpunkt der Inversion inv(14)(q11q32) der 867/05 Probe fand im Bereich 14q11 an der Position 22,092,696bp statt. Dieser Bruchpunkt liegt zwischen der konstanten Region des α-T-Zell-Rezeptors (*TRAC*) und dem *DAD1* (*defender against cell death 1*) Gens. Der 14q32 Bruch fand bei 106,166,169bp zwischen dem *IGHVII-60-1* und dem *IGHV4-61* Fragment statt. Die Sequenz zeigt, dass der Bruch genau centromer des *IGHV4-61* Fragmentes liegt. Bei dieser Aberration war die rekombinante Signalsequenz (RSS) dieses Fragmentes beteiligt.

Die Sequenz dieses Inversionsbruchpunktes zeigt, dass beim *IGH* Bruchpunkt an der Stelle 106,166,169bp die RSS (engl.: *recombination signal sequence*) des *IGHV4-61* Fragmentes beteiligt war. Der Bruchpunkt befindet sich direkt centromer des *IGHV4-61* Fragmentes (Siehe Abb.5.21). Im 14q11 Bereiches fand der Bruch zwischen dem Genabschnitt der konstanten Region (*TRAC*) des *TRA/D* Locus und dem *DAD1* (*defender against cell death 1*) Gens statt. Hier wurde keine Rekombinasesignalsequenz (RSS) nachgewiesen.

Die LM-PCR an den FT-CGH Bruch-Positionen: 21,635K, 21,976K, 21,989K und 22,093K des *TRA/D* Locus zeigt, dass alle vier Bruchpunkte hinsichtlich der chromosomalen Veränderungen geklärt werden konnten. Die Abbildung 5.22 veranschaulicht die betroffenen Bereiche des T-Zell-Rezeptor alpha/deltas. Im *TRA/D* Genort kam es bei der untersuchten T-ALL 867/05 zu einer normalen T-Zell-Rezeptor delta Umlagerung zwischen den Fragmenten *TRDV1* und *TRDJ1*. Hierbei wurden die chromosomalen Abschnitte der Position 21,634,736bp (*TRDV1*) und 21,988,921bp (*TRDJ1*) zusammengelagert.

5.3. T-ALL Patientenprobe 867/05

Bei den beiden Bruchpunkten 21,976K und 22,093K konnte die Inversion inv(14)(q11q32) mit der Beteiligung des *IGH* Locus durch die Sequenzierung atypischer LM-PCR Banden gezeigt werden. Die chromosomale Aberration fand im 21,976K Bereich telomer des *TRDD1* (*T cell receptor delta diversity 1*) unmittelbar centromer des *TRDD2* Fragmentes statt. Der zweite *TRA/D* Bruch der Inversion ereignete sich telomer der konstanten Region des T-Zell-Rezeptors (*TRAC*) an der Position 22,092,696bp.

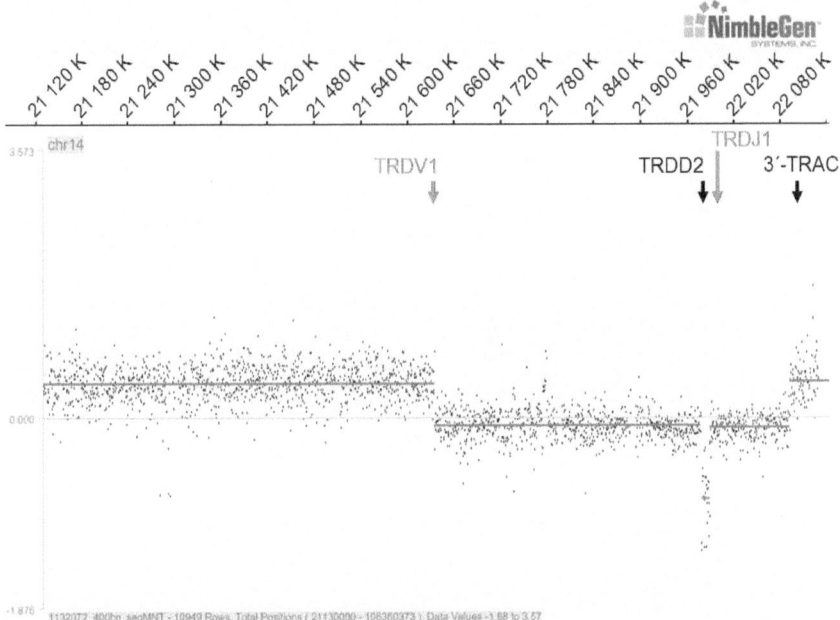

Abb. 5.22.: **Geklärte Bruchpunkte des *TRA/D* Genortes (14q11) der Probe 867/05** zeigen die bei der Inversion inv(14)(q11q32) beteiligten Genabschnitte *TRDD2* und *TRAC* (schwarz markiert). Bei den beiden anderen Bereichen *TRDV1* und *TRDJ1* (grau markiert) konnte mittels der LM-PCR die normale T-Zell-Rezeptor delta Umlagerung bestätigt werden.

Die SignalMap Darstellung der Fine Tiling Analyse des *IGH* Locus auf Chr.14q32 zwischen 105,080,586bp und 106,360,585bp wies starke Signalschwankungen im untersuchten Bereich auf. Der Grund hierfür sind die vorliegenden repetitive Sequenzen innerhalb diese Chromosomenabschnittes (Abb.5.23).

5. Ergebnisse

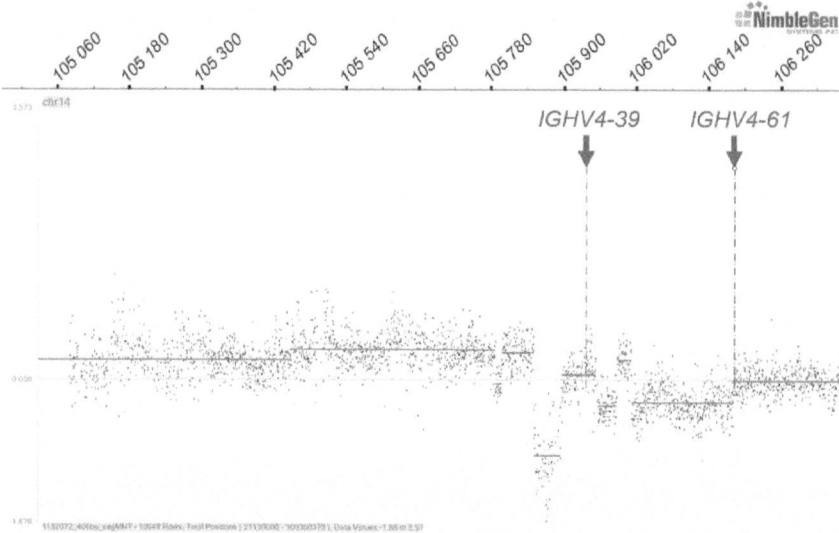

Abb. 5.23.: FT-CGH Analyse des *IGH* Genortes auf Chromosom 14q32 der Probe 867/05 zeigt im analysierten Bereich zwischen 105,948K und 106,166K starke Signalschwankungen. Die bei der geklärten Inversion inv(14)(q11q32) beteiligten *IGH* Genabschnitte *IGHV4-39* und *IGHV4-61* wurden zur besseren Darstellung in der Grafik markiert. Das betroffene *IGHV4-61* Fragment an der Position 106,166K zeigt in der SignalMap Abbildung einen eindeutigen Bruch, verbunden mit einem Signalverlust centromer dieses Bruchpunktes. Der zweite betroffene Bereich des *IGHV4-39* Fragmentes bei 105,948K lässt sich nicht als Bruch mit einem Signalverlust erkennen.

Bei der FT-CGH Analyse dieses chromosomalen Abschnittes finden unspezifischen DNA Bindungen an den vorhandenen Oligofragmenten des Chips statt. In der Grafik 5.23 wurden die bei der Inversion inv(14)(q11q32) beteiligten Segmentabschnitte *IGHV4-39* und *IGHV4-61* des *IGH* Locus markiert. In der 105,948K Region lässt sich kein eindeutiger Signalverlust (Abb.5.23) feststellen. Centromer der Nucleotidposition 106,166K, in der auch das *IGHV4-61* Fragment lokalisiert ist, lässt sich der Signalverlust gut erkennen.

Des Weiteren sind in der obigen Abbildung 5.23 mehrere Signalunterschiede bei der T-ALL Probe innerhalb des *IGH* Locus zu sehen. Viele dieser Signalverluste, z.B. zwischen 105,852K - 105,897K sind in allen untersuchten Proben der 4. Analyse erkennbar, was für eine chromosomale Aberration der verwendeten Kontrolle (HEK 293-T) spricht. Es muss bei der Analyse genau unterschieden werden, welche Bereiche für die LM-PCR geeignet sind oder aufgrund genetischer (z.B. repetitive Sequenzen) bzw. experimenteller Fehlerquellen (Labelling, DNA der Kontrolle, ect.) ausgeschlossen werden müssen.

5.4. T-PLL ähnliche Patientenprobe 274/05

In der Patientenprobe 274/05 wiesen 80% der Zellen einen *TRA/D* Bruch auf. Bei dieser Probe wurde die Diagnose einer T-PLL ähnlichen Leukämie mit dem Verdacht auf eine HTLV-Infektion (*humanes T-Zell-lymphotropes Virus*) gestellt. Die FT-CGH zeigte innerhalb dieses Bereiches vier Bruchpunkte an den Positionen: 21,434K, 21,842K, 22,047K und 22,081K (Abb.5.24). Zwischen den Bruchpunkten 21,842K und 22,047K schien hierbei ein vollständiger Verlust der Nucleotidsequenz vorzuliegen. Alle vier Bruchstellen wurden hinsichtlich genetischer Umlagerungen mit der LM-PCR untersucht.

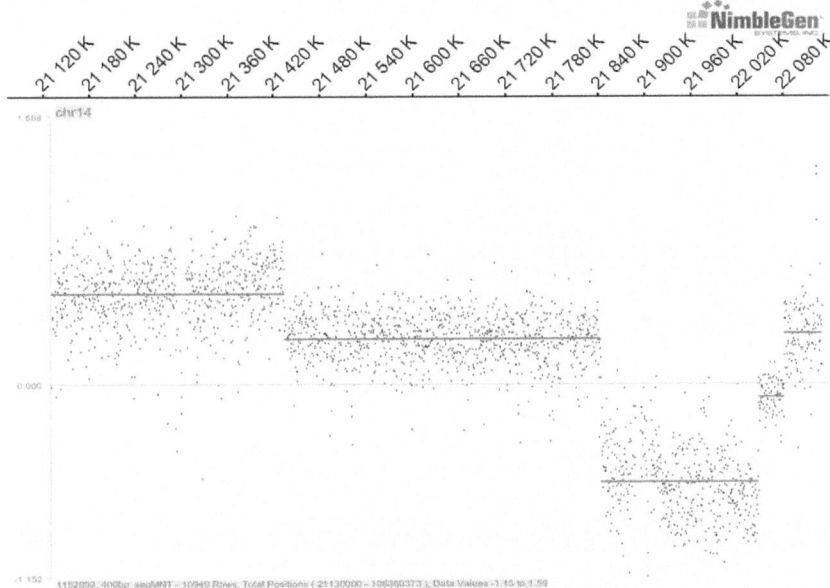

Abb. 5.24.: FT-CGH Analyse des *TRA/D* Genortes auf Chromosom 14q11.2 der Probe 274/05 zeigt an den Positionen: 21,434K, 21,842K, 22,047K und 22,081K Signalunterschiede. Zwischen 21,842K und 22,047K scheint eine vollständige Deletion des chromosomalen Materials der untersuchten Probe vorzuliegen.

Zunächst wurde mit der LM-PCR im Bereich von 21,434K mit forward orientierten Primern TRAV8-4-f1/f2 begonnen. Die Gelelektrophorese dieser PCR zeigte neben den zu erwarteten Germline PCR-Fragmenten eine atypische Bande bei der Patientenprobe von ca. 2000bp bei *StuI* (Abb.5.25).

5. Ergebnisse

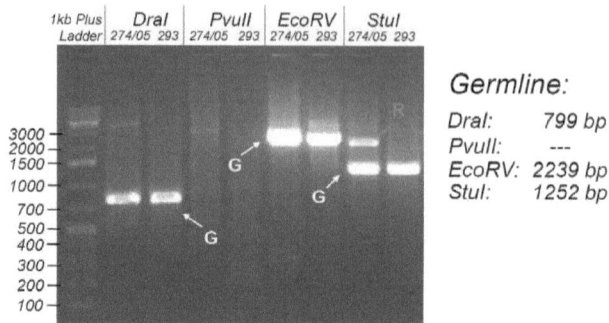

Abb. 5.25.: LM-PCR der Probe 274/05 an der Position 21,434K des Chromosoms 14q11 zeigt neben den Germline Konfigurationen von *DraI*, *PvuII*, *EcoRV* und *StuI* eine atypische Bande von ca. 2000bp bei *StuI*. Diese wurde zur weiteren Analyse ausgeschnitten, aufgereinigt und sequenziert.

Die Sequenzierung der atypischen *StuI* Bande und der Genomabgleich mit der BLAT-Datenbank ergab ein Rearrangement innerhalb des *TRA/D* Genortes zwischen den Positionen 21,433,046bp und 22,080,979bp. Hierbei wurden die beiden Fragmente *TRAV8-4* und *TRAJ4* zusammengelagert (Abb.5.26).

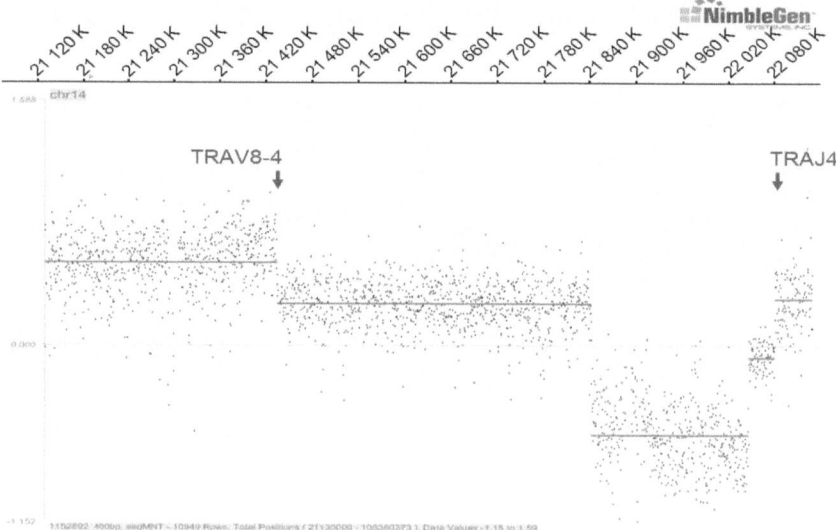

Abb. 5.26.: FT-CGH Analyse des *TRA/D* Genortes auf Chromosom 14q11 der Probe 274/05 mit den beiden markierten Fragmenten *TRAV8-4* und *TRAJ4*, die bei dem bestätigten *TRA/D* Rearrangement beteiligt sind.

5.4. T-PLL ähnliche Patientenprobe 274/05

Von den beiden verbleibenden Bruchbereichen 21,842K und 22,047K wurde zunächst der Bruchpunkt an der Stelle 21,842K mit den forward orientierten Primern TRAV39-f3/f4 analysiert. Die LM-PCR zeigte die erwarteten PCR-Fragmente bei *DraI*, *PvuII* und *EcoRV*. Zusätzlich konnte bei *DraI*, *EcoRV* und *StuI* jeweils ein atypisches PCR Fragment bei der Patientenprobe beobachtet werden (Abb.5.27). Zur genomischen Klärung dieser atypischen Banden wurden diese vom Gel extrahiert, aufgereinigt und sequenziert.

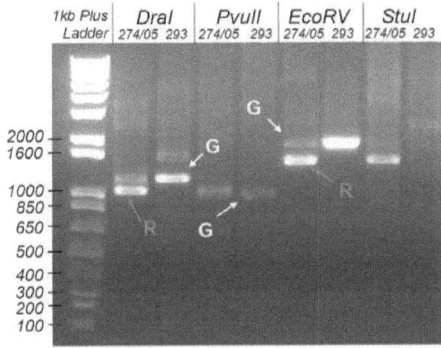

Abb. 5.27.: LM-PCR der Probe 274/05 an der Position 21,842K (Chr. 14q11) mit den Primern TRAV39-f3/f4 zeigt neben der *DraI*, *PvuII*, *EcoRV* und *StuI* Germline (G) Konfiguration jeweils eine atypische *DraI* (1000bp), *EcoRV* (1500bp) und *StuI* (1550bp) Bande (mit R markiert) bei der Patientenprobe 274/05. Diese PCR Fragmente wurden für die weitere Analyse vom Gel ausgeschnitten, aufgereinigt und sequenziert.

Die Sequenzanalyse der drei atypischen Fragmente der obigen PCR ergab eine Translokation t(14;14)(q11q32). Es wurde die Sequenz innerhalb des *TRA/D* Locus an der Stelle 21,842,256bp mit dem 14q32 Bereich an der Stelle 95,384,166bp zusammengelagert (Abb.5.28).

Die Auswertung der Sequenzierung ergab, dass bei dieser Aberration keine vorhandenen rekombinaten Signalsequenzen (RSS). Daher kann man nicht von einem Fehler der V(D)J Rekombinase im Bereich des *TRA/D* Genortes sprechen.

```
A                      21,842,256  (Chr.14q11, TRA/D)
                             ↓
cctccacatcacagctgccgtgcatgacctctctgccacctacttctgtgccgtggacacacagtgctccctgacgccacca
|||||||||||||||||||||||||||||||||||||||||||
cctccacatcacagctgccgtgcatgacctctctgccCCGTAATAAGGataacctttaagttattttaaaatgtacacttaag
                                              |||||||||||||||||||||||||||||||||||||||||||
              cctccacatcacagctgccgtgcatgacctctctgccccgtaataaggataacctttaagttattttaaaatgtacacttaag
                                             ↑
                                  95,384,166  (Chr.14q32)
```

```
B  TRAV39 Sequenz (21,841,779 - 21,842,278)

   ATGAAGAAGCTACTAGCAATGATTCTGTGGCTTCAACTAGACCGTGAGCTGGGGGTTCATTGAAAAGGGA
   GCCATGGGAGGAAAGGAATTGTCCATACAATGTTTGGGGGTAGAGACAAGGTTCAATGCGACTCATTTGG
   GTTCCCTCGGGAGGAACAGGATTATTGGGGTAACCAGTGAATGCCTCCTTCTGAAATGTTCTCTTTGGAC
   AGGGTTAAGTGGAGAGCTGAAAGTGGAACAAAACCCTCTGTTCCTGAGCATGCAGGAGGGAAAAAACTAT
   ACCATCTACTGCAATTATTCAACCACTTCAGACAGACTGTATTGGTACAGGCAGGATCCTGGGAAAAGTC
   TGGAATCTCTGTTTGTGTTGCTATCAAATGGAGCAGTGAAGCAGGAGGGACGATTAATGGCCTCACTTGA
   TACCAAAGCCCGTCTCAGCACCCTCCACATCACAGCTGCCGTGCATGACCTCTGCCACCTACTTCTGT
   GCCGTGGACA                                                       ↑
                                                              21,842,256
```

Abb. 5.28.: Sequenzierung atypischer Banden der TRAV39-f3/f4 LM-PCR der Probe 274/05
A: Die Sequenzierung der zusammengelagerten Sequenzen zwischen 21,842,256bp und 95,384,166bp weist keine rekombinanten Signal Sequenzen (RSS) auf. Jedoch wurden bei dieser chromosomalen Aberration 11 Nucleotide (*CCGTAATAAGG*) eingefügt. **B:** Die Sequenz des *TRAV39* Fragmentes zeigt, dass es innerhalb dieser Sequenz zu der Umlagerung gekommen ist, wodurch das *TRAV39* Fragment zerstört wurde.

Die Analyse dieser Translokation t(14;14)(q11q32) zeigte, dass ein Bruch an der Nucleotidposition 21,842,256bp innerhalb des *TRAV39* Fragmentes stattgefunden hat. Durch diese Translokation kam es zur Umlagerung des 5'-Bereiches der *TRAV39* Sequenz (14q11) mit Chromosom 14q32 (Position 95,384,166bp). Bei diesem Vorgang wurde das *TRAV39* Fragment zerrissen und die letzten 22 Basen der 3'- Sequenz deletiert (Abb.5.28).

Die Abbildung des Bruchpunktes an der Stelle 95,384,166bp des Chromosoms 14q32 zeigt dessen Lokalisation zwischen den hypothetischen Proteinen *LOC100133207* und *LOC740125* (Abb.5.29). Weiterhin ist erkennbar, dass der Bruchpunkt telomer der *TCL* Gene (*TCL6*, *TCL1B*, *TCL1A*) lokalisiert ist.

5.4. T-PLL ähnliche Patientenprobe 274/05

Chromosome: 1 2 3 4 5 6 7 8 9 10 11 12 13 [14] 15 16 17 18 19 20 21 22 X Y MT
Master Map: Genes On Sequence
Region Displayed: 95M-96M bp

Symbol	O	Links	E	Cyto	Description
C14orf113	↑	HGNC svprdcvmm sts	mRNA	14q32.13	chromosome 14 open reading frame 113
C14orf49	↑	OMIMHGNC svprdcvmm	CCDS SNP best RefSeq	14q32.13	chromosome 14 open reading frame 49
SNHG10	↑	HGNC sv dcvmm sts	best RefSeq	14q32.13	small nucleolar RNA host gene (non-protein coding) 10
GLRX5	↑	OMIMHGNC svprdcvmmlmsts	CCDS SNP best RefSeq	14q32.13	glutaredoxin 5
TCL6	↑	OMIMHGNC svprdcvmmlmsts	CCDS SNP best RefSeq	14q32.1	T-cell leukemia/lymphoma 6
TCL1B	↑	OMIMHGNC svprdcvmmlm	CCDS SNP best RefSeq	14q32.1	T-cell leukemia/lymphoma 1B
TCL1A	↑	OMIMHGNC svprdcvmmlmsts	CCDS SNP best RefSeq	14q32.1	T-cell leukemia/lymphoma 1A
LOC100133207	↑	sv dcvmm	protein	14q32.13	hypothetical protein LOC100133207

Bruchpunkt: 95,384,166

LOC730125	↑	svprdcvmm	SNP mRNA	14q32.2	hypothetical protein LOC730125
C14orf132	↑	HGNC svprdcvmm sts	SNP mRNA	14q32.2	chromosome 14 open reading frame 132
LOC100132684	↑	sv dcvmm	mRNA	14q32.2	hypothetical protein LOC100132684
CKS1BP	↑	HGNC sv dcvmm	best RefSeq	14q32.2	CDC28 protein kinase regulatory subunit 1B pseudogene
BDKRB2	↑	OMIMHGNC svprdcvmmlmsts	CCDS SNP best RefSeq	14q21-q32.2	bradykinin receptor B2
BDKRB1	↑	OMIMHGNC svprdcvmmlmsts	CCDS SNP best RefSeq	14q21-q32.2	bradykinin receptor B1
LOC100130815	↑	sv dcvmm	protein	14q32.2	hypothetical protein LOC100130815
ATG2B	↑	HGNC svprdcvmmlmsts	CCDS SNP best RefSeq	14q32.2	ATG2 autophagy related 2 homolog B (S. cerevisiae)
LOC730201	↑	svprdcvmmlm	SNP mRNA	14q32.2	hypothetical protein LOC730201
C14orf129	↑	HGNC svprdcvmmlmsts	CCDS SNP best RefSeq	14q32.2	chromosome 14 open reading frame 129
PBPP1	↑	HGNC sv dcvmm	best RefSeq	14q32.2	prostatic binding protein pseudogene 1
AK7	↑	HGNC svprdcvmm	SNP mRNA	14q32.2	adenylate kinase 7
RPL23AP10	↑	HGNC sv dcvmm	best RefSeq	14q32.2	ribosomal protein L23a pseudogene 10

Abb. 5.29.: Erster 14q32 Bruchpunkt der Translokation t(14;14)(q11q32) der Probe 274/05 wurde an der Stelle 95,384,166bp des Chr.14q32 detektiert. Der Bruchpunkt befindet sich telomer der *TCL* Gene, zwischen den hypothetischen Proteinen *LOC100133207* und *LOC730125*.

5. Ergebnisse

Der verbleibende 22,047K Bruchpunkt des *TRA/D* Genortes konnte nicht mit der LM-PCR geklärt werden. Die in diesem genetischen Abschnitt durchgeführten LM-PCRs mit reverse orientierten Primern wiesen keine atypischen Banden auf, deren Sequenzierung Aufschluss über den verbleibenden Chromosomenabschnitt der Translokation t(14;14)(q11q32) ergeben konnten. Somit konnte bisher nur der Bruchpunkt innerhalb des *TRA/D* Locus mit Hilfe der FT-CGH Analyse auf den Bereich des *TRAJ33* Fragmentes eingegrenzt werden (Abb.5.30).

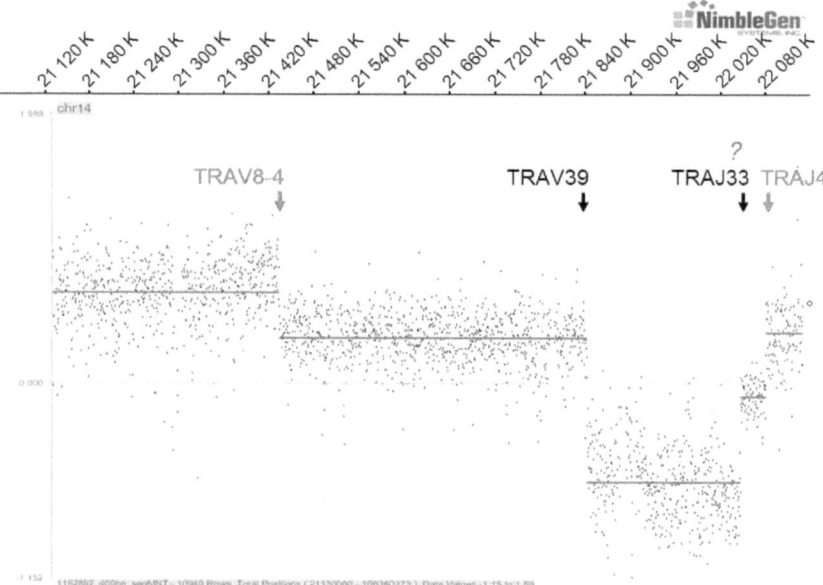

Abb. 5.30.: FT-CGH Analyse des *TRA/D* Genortes auf Chromosom 14q11.2 der Probe 274/05 Die Grafik zeigt die Fragmente der bestätigten Umlagerung innerhalb des Genortes zwischen *TRAV8-4* und *TRAJ4* (grau markiert). Des Weiteren konnte der Bruchpunkt der Translokation t(14;14)(q11q32) an der Stelle 21,842,256bp mit dem involvierten *TRAV39* Fragmentes geklärt werden. Im 22,047K Bereich konnten die LM-PCRs bisher keinen Hinweis auf eine genetische Aberration geben. Lediglich die FT-CGH gibt Aufschluss über den zweiten Bruchpunkt in der Nähe des *TRAJ33* Fragmentes und über eine ca. 200K große Deletion.

5.5. T-PLL Patientenprobe L551/01

In der Patientenprobe L551/01 mit der Diagnose einer T-PLL wurde mittels FISH in 89% der peripheren Blutzellen ein Bruch innerhalb des *TRA/D* Genortes nachgewiesen. Die FT-CGH dieses Genortes wies drei sichtbare Bruchpunkte in den Bereichen: 21,406K, 22,047K und 22,063K auf (Abb.5.31). Da es sich in diesem Fall nur um drei Bruchpunkte handelt und die FT-CGH Signalintensität zwischen den Positionen 22,040K und 22,130K auf eine Zunahme des genetischen Bereiches hinweist, lässt sich im Vorfeld nicht voraussagen, ob es im Bereich des *TRA/D* Genortes es zur Deletion oder Amplifikation kam. Es wurden die visuellen Bruchstellen mit der LM-PCR analysiert, um genauere Aussagen über mögliche Translokationsparter machen zu können.

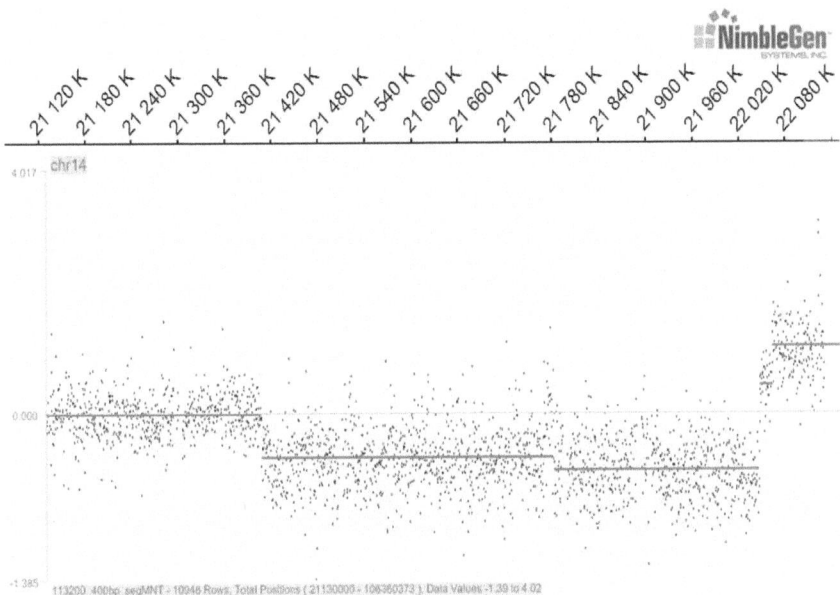

Abb. 5.31.: **FT-CGH Analyse des *TRA/D* Genortes auf Chromosom 14q11.2 der Probe L551/01** zeigt drei Bruchpunkte an den Positionen 21,406K, 22,047K und 22,063K. Diese wurden mit Hilfe der LM-PCR hinsichtlich möglicher genetischer Veränderungen untersucht.

Zunächst wurde der 22,063K Bruchpunkt mit den reverse orientierten Primern TRAJ20-back-A/B analysiert. In dieser nested LM-PCR wurden die atypischen PCR Fragmente der zweiten PCR-Runde vom Gel ausgeschnitten, aufgereinigt und sequenziert.

5. Ergebnisse

Die Sequenzanalyse dieser Fragmente ergab eine Zusammenlagerung innerhalb des *TRA/D* Genortes zwischen der Position: 21,407,385bp und 22,063,139bp (Abb.5.32). Der Datenbankabgleich dieser Sequenz zeigte, dass bei dieser Umlagerung die beiden T-Zell-Rezeptor Fragmente *TRAV13-1* und *TRAJ20* involviert sind.

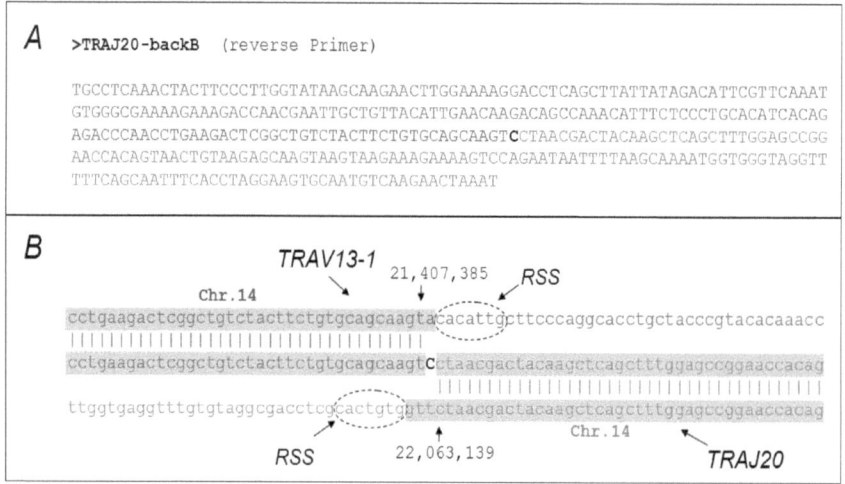

Abb. 5.32.: Sequenzanalyse der LM-PCR mit den Primern TRAJ20-back-A/B bei der 551/01 A: Sequenzanalyse der nested LM-PCR mit dem TRAJ20-back-B Primer ergab eine Umlagerung zwischen den Fragmenten *TRAV13-1* und *TRAJ20* des *TRA/D* Genortes. **B:** Das Rearrangement fand zwischen 21,407,385bp und 22,063,139bp statt. Bei diesem Ereignis wurden die letzte Base (Adenin) von *TRAV13-1* und die ersten drei Basen (*GTT*) von *TRAJ20* deletiert. Bei der Zusammenlagerung dieser beiden Fragmente wurde zusätzlich ein Cytosin (*C*) eingefügt.

Die Darstellung der Sequenz und der beiden betroffenen Fragmente *TRAV13-1* und *TRAJ20* in der Abbildung 5.32 zeigt, dass nicht die vollständigen Sequenzen beider Fragmente bei dem genetischen Ereignis intakt bleiben.

Es kam zur Deletion der letzten Base von *TRAV13-1* (*A*, Adenin) und zur Deletion der ersten drei Basen (*GTT*) von *TRAJ20*. Zusätzlich wurde zwischen den zusammengelagerten Fragmenten ein Cytosin (*C*) eingefügt. Des Weiteren fand die Umlagerung mit Hilfe der rekombinanten Signalsequenzen (RSS) fand, wie innerhalb des T-Zell-Rezeptorbereiches zu erwarten ist.

5.5. T-PLL Patientenprobe L551/01

Bei den LM-PCR Analysen des verbleibenden Bruchpunkt an der Position 22,047K der Patientenprobe 551/01 konnten keine atypischen Fragmente Aufschluss über mögliche Sequenzveränderungen geben (Abb.5.33). Es ist auffallend, dass es sich hierbei um denselben visuellen 22,047K Bruchpunkt, wie bei der Patientenprobe 274/05 handelt. Dieser konnte ebenfalls nicht geklärt werden (Siehe Seite 96, Abb.5.30).

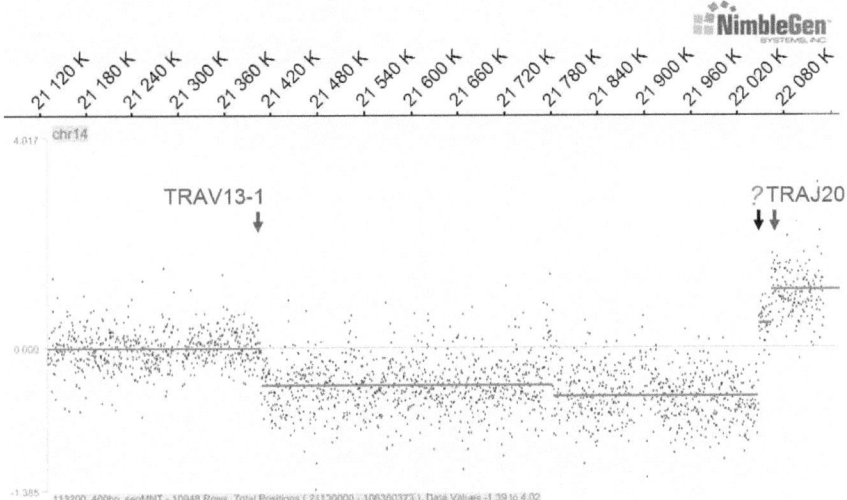

Abb. 5.33.: FT-CGH Analyse des *TRA/D* Genortes (14q11) der Probe L551/01 mit der geklärten T-Zell-Rezeptor Umlagerung zwischen *TRAV13-1* und *TRAJ20* Der verbleibende 22,047K Bruchpunkt, in dem das *TRAJ33* Fragment lokalisiert ist, konnte mittels der LM-PCR nicht geklärt werden.

5.6. Sézary Patientenprobe 1365/04

Bei der Patientenprobe 1365/04 mit der Diagnose eines Sézary-Syndroms konnte durch die FISH Analyse in 72% der Zellen ein Bruch innerhalb des *TRA/D* Genortes festgestellt werden. Aufgrund der geringen Auflösung der FISH Technik waren präzise Aussagen über die genetische Veränderung dieses chromosomalen Abschnittes nicht möglich. Die FT-CGH zeigte im T-Zell-Rezeptor alpha/delta Genort (14q11.2) eindeutige Signalunterschiede mit vier Bruchpunkten an den Positionen: 21,480K, 21,529K, 22,047K und 22,076K (Abb.5.35). Zusätzlich wurde im Bereich zwischen 21,774K und 21,781K eine erhöhte Signalintensität gemessen.

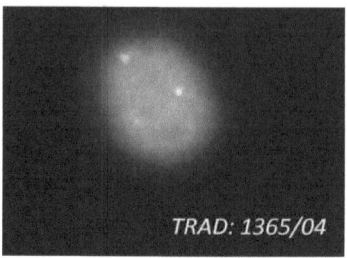

Abb. 5.34.: FISH-Analyse des *TRA/D* Genortes der 1365/04 Die dargestellte Zelle weist einen *TRA/D* Split auf. Das andere Chromosom zeigt durch Zusammenlagerung der beiden verwendeten Signalsonden den intakten Genort.

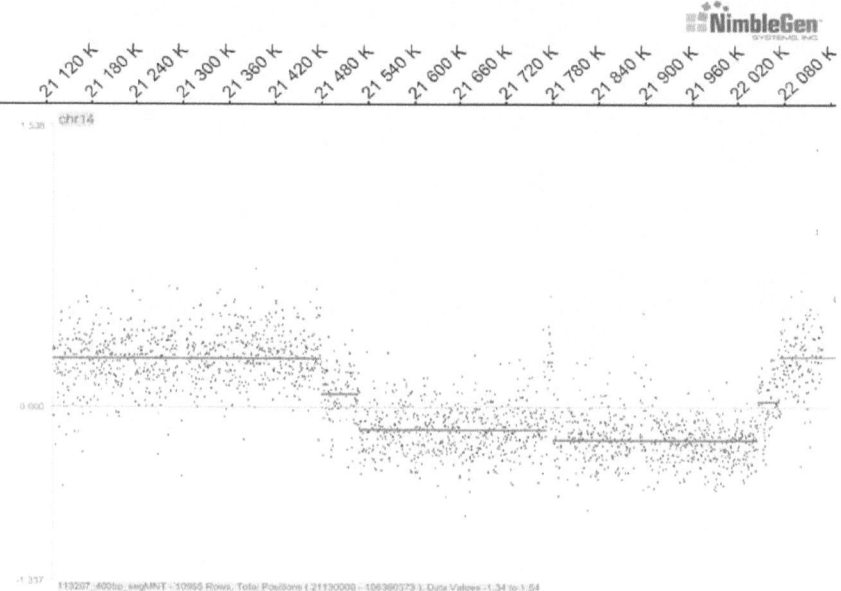

Abb. 5.35.: FT-CGH Analyse des *TRA/D* Genortes auf Chromosom 14q11.2 der Probe **1365/04** zeigt an den Positionen 21,480K, 21,529K, 22,047K und 22,076K vier klar voneinander abgrenzende Bruchpunkte. Ein Bereich von ca. 7K weist zwischen 21,774K und 21,781K ein erhöhtes Signal auf.

Zunächst wurde der 21,529K Bruchpunkt mit den forward orientierten Primern TRAV16-for-A/B analysiert. Die atypischen Fragmente dieser PCR wurden vom Gel ausgeschnitten, aufgereinigt und sequenziert. Der genomische Datenbankabgleich ergab eine Zusammenlagerung von *TRAV16* mit *TRAJ33* innerhalb des *TRA/D* Genortes zwischen den Positionen: 21,529,014bp und 22,047,437bp (Abb.5.36).

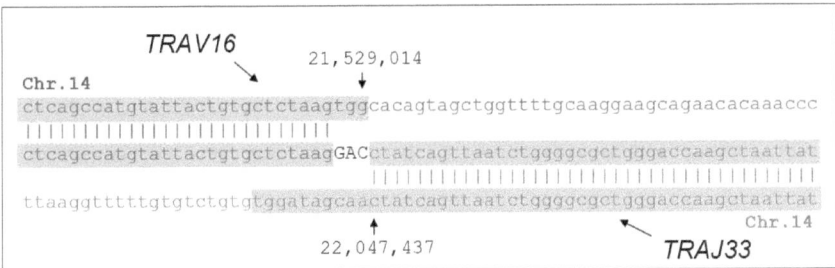

Abb. 5.36.: **Sequenzanalyse der Probe 1365/04 mit den Primern TRAV16-for-B** Bei der Zusammenlagerung von *TRAV16* und *TRAJ33* wurden die letzten drei Basen (*TGG*) von *TRAV16* und die ersten 10 Basen (*TGGATAGCAA*) von *TRAJ33* deletiert.

Als Nächstes wurde der 21,480K Bruchpunkt mit den forward orientierten Primern TRAV9-2-for-A/B mittels einer nested LM-PCR analysiert. Die atypischen Banden dieser PCR wurden vom Agarosegel ausgeschnitten, aufgereinigt und sequenziert. Die Analyse der Fragmente ergab eine Umlagerung innerhalb des *TRA/D* Genortes zwischen *TRAV9-2* und *TRAJ24* mit den Bruchpunkten: 21,479,685bp und 22,058,794bp (Abb.5.37).

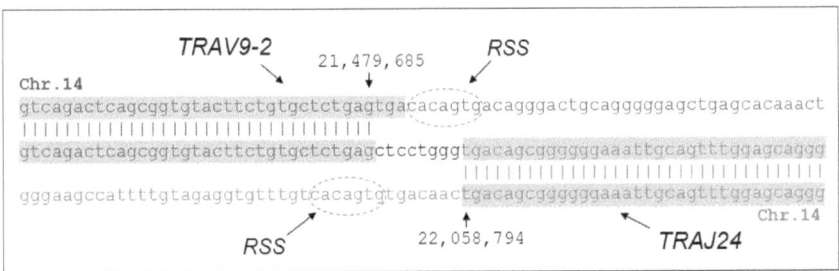

Abb. 5.37.: **Sequenzanalyse der Probe 1365/04 mit den Primern TRAV9-2-for-B** Durch die Zusammenlagerung der beiden Fragmente *TRAV9-2* und *TRAJ24* wurden die letzten drei Basen (*TGA*) des *TRAV9-2* Fragmentes deletiert. Des Weiteren wurden bei diesem Rearrangement acht zusätzlich Basen (*CTCCTGGG*) eingefügt und das Vorhandensein der RSS bestätigt.

5. Ergebnisse

Die in der Abbildung 5.37 dargestellte Zusammenlagerung der Sequenzen zwischen *TRAV9-2* und *TRAJ24* weist den zusätzlichen Bruchpunkt an der Position 22,058,794bp (*TRAJ24*) des Chromosoms 14 auf, der nicht in der FT-CGH Analyse erkennbar war. Die Abbildung 5.38 zeigt die bestätigten Umlagerungen der 1365/04 Probe zwischen den Positionen 21,529,014bp (*TRAV16*) und 22,047,437bp (*TRAJ33*) bzw. den Positionen 21,479,685bp (*TRAV9-2*) und 22,058,794bp (*TRAJ24*).

Beide T-Zell-Rezeptor Rearrangements der 1365/04 Probe wurden auf genomischer Ebene mit genspezifischen Primern bestätigt.

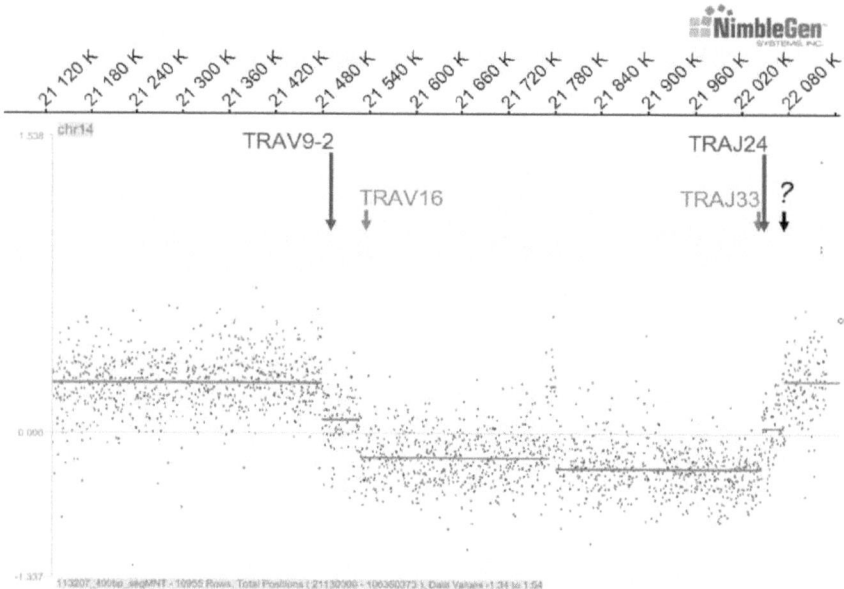

Abb. 5.38.: FT-CGH Analyse des *TRA/D* Genortes der Probe 1365/04 mit den zuvor bestätigten *TRAV16-TRAJ33* und *TRAV9-2-TRAJ24* Umlagerungen. Der rechte Bereich der Abbildung zeigt die beiden involvierten *TRA/D* Fragmente *TRAJ33* und *TRAJ24*. Der *TRAJ24* Bereich wird nicht als Bruchpunkt in dieser Abbildung erkannt. Der verbleibende noch ungeklärte Bruchpunkt an der Position 22,076K wurde in der Grafik mit einem Fragezeichen markiert und nachfolgend mittels LM-PCR untersucht.

Die Abbildung 5.38 lässt den Bruchpunkt des *TRAJ24* Fragmentes an der Position 22,058,794bp nicht erkennen. Eine Vergrößerung des genomischen Bereiches zwischen 22,034K und 22,068K zeigt in der Abbildung 5.39 deutliche Signaldifferenzen an den Positionen 22,047,437bp (*TRAJ33*) und 22,058,794bp (*TRAJ24*), was die Umlagerungen bestätigt.

5.6. Sézary Patientenprobe 1365/04

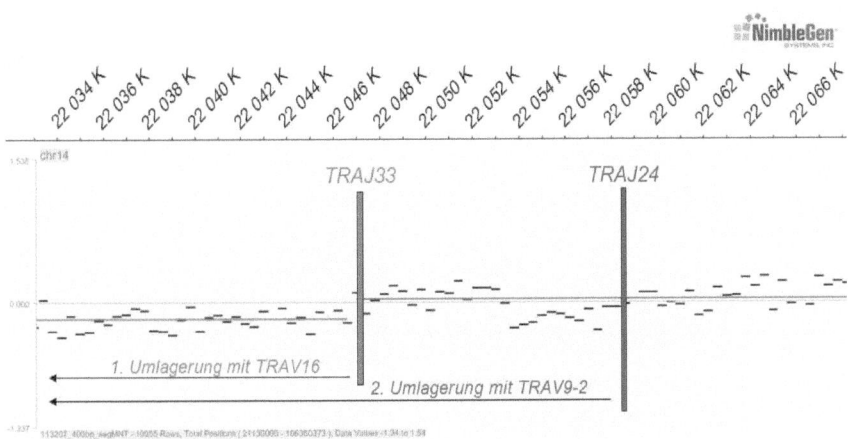

Abb. 5.39.: Ausschnitt der FT-CGH des *TRA/D* Genortes (14q11) der Probe 1365/04 zeigt die Signalunterschiede an den Positionen 22,047,437bp (*TRAJ33*) und 22,058,794bp (*TRAJ24*). Die Analyse erkennt durch statistische Berechnungen den Bereich des *TRAJ24* Fragmentes nicht als Bruchpunkt.

In der Probe 1365/04 wurden die beiden Umlagerungen *TRAV16-TRAJ33* und *TRAV9-2-TRAJ24* innerhalb des *TRA/D* Genortes auf genomischer Ebene nachgewiesen. Zur Klärung der Existenz der zugehörigen mRNA: *TRAV16-TRAJ33-TRAC* bzw. *TRAV9-2-TRAJ24-TRAC*, mit der enthaltenen Sequenz der konstanten T-Zell-Rezeptor alpha Region (*TRAC*), wurde die Probe auf cDNA Ebene untersucht.

Hierfür wurden genspezifische forward orientierte Primer innerhalb der betroffenen Fragmente *TRAV16* (Primer: TRAV16-forA/B) bzw. *TRAV9-2* (Primer: TRAV9-2-forA/B) und reverse orientierte Primer in der konstanten Region des T-Zell Rezeptor alpha (*TRAC*) (Primer: Ca+133/ Ca+245) eingesetzt (Abb.5.40).

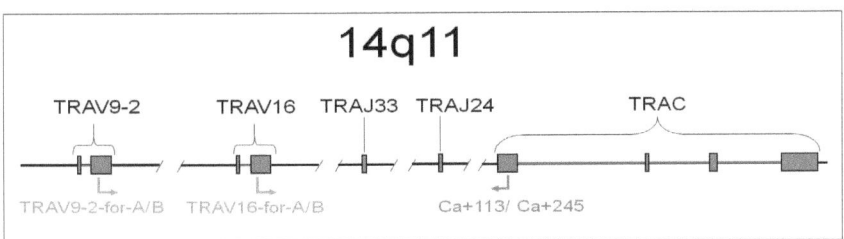

Abb. 5.40.: Überprüfung der *TRA/D* Umlagerungen auf cDNA Ebene der Probe 1365/04 Durch die verschiedenen Primerkombinationen: TRAV9-2-forA/B mit Ca+133/Ca+245 bzw. TRAV16-forA/B mit Ca+133/Ca+245 wurden auf cDNA Ebene die Existenzen der beiden mRNAs *TRAV16-TRAJ33-TRAC* bzw. *TRAV9-2-TRAJ24-TRAC* geprüft.

Die PCR Kombinationen TRAV9-2-forA/B mit Ca+133/+245 bzw. TRAV16-for-A/B mit Ca+133/+245 wiesen nur PCR Produkte der Probe 1365/04 bei den Primerkombinationen von TRAV9-2-forA/B mit Ca+133/+245 auf (Abb.5.41).

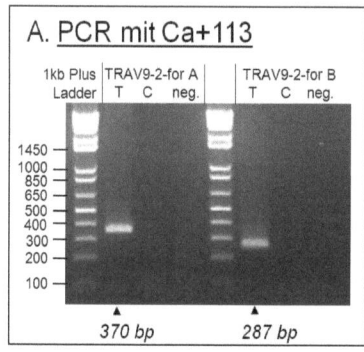 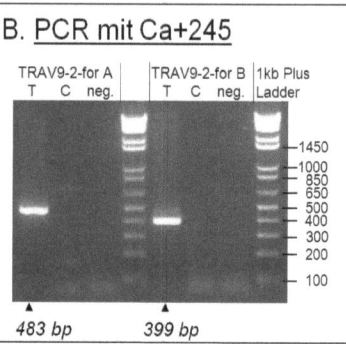

Abb. 5.41.: PCR zum Nachweis der *TRAV9-2-TRAJ24-TRAC* mRNA bei der Probe 1365/04 Bei der Verwendung der Primerkombinationen: TRAV9-2-for-A/B mit Ca+133 (**Abb. A**) bzw. TRAV9-2-for-A/B mit Ca+245 (**Abb. B**) wurden PCR Produkte bei der 1365/04 nachgewiesen, die zur weiteren Analyse vom Gel ausgeschnitten, aufgereinigt und sequenziert wurden. Die erwartete PCR-Fragment Größe ist unterhalb des PCR Bildes angegeben.

Die Sequenzierung dieser Fragmente der Probe 1365/04 ergab eine Zusammenlagerung zwischen dem variablen Segment *TRAV9-2*, dem joining Segment *TRAJ24* und der konstanten Region des T-Zell-Rezeptor alpha (*TRAC*) auf cDNA Ebene (Abb.5.42).

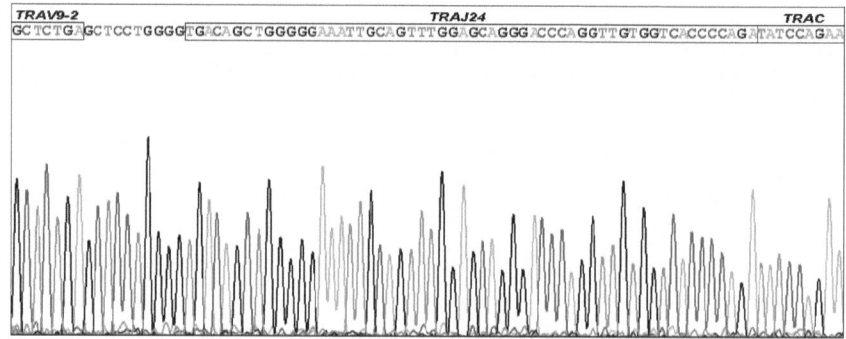

Abb. 5.42.: Sequenzierung bzgl. der möglichen mRNA der Probe 1365/04 Das Chromatogram und der Abgleich mit der BLAT-Datenbank zeigte, dass es zur Bildung einer mRNA aus den Fragmenten *TRAV9-2*, *TRAJ24* und *TRAC* kam.

Das Ergebnis zeigt, dass die Umlagerung zwischen den beiden Fragmenten *TRAV16* und *TRAJ33* auf gDNA Ebene stattgefunden hat, es jedoch nicht zur Bildung einer entsprechenden mRNA (inkl. dem *TRAC* Fragment) kam.

Der verbleibende FT-CGH Bruchpunkt an der Position 22,076K wurde mit den reverse orientierten Primern TRAJ7-back-A/B untersucht. Die atypischen Fragmente der nested PCR (Abb.5.43) wurden nach der Gelextraktion sequenziert.

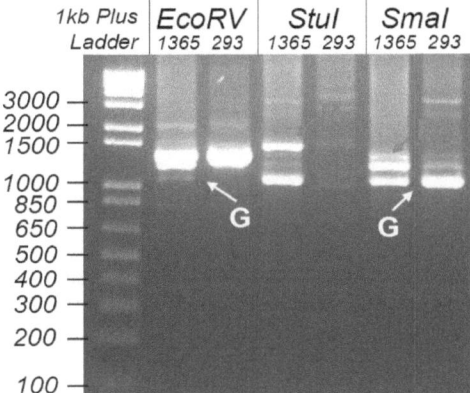

Abb. 5.43.: **LM-PCR der Probe 1365/04 an der Position 22,076K (14q11) mit den Primern TRAJ7-back-A/B** zeigt die *EcoRV*-Germline (*1403bp*) Konfiguration bei der untersuchten 1365/04 Probe und der 293-T Kontrolle. Die atypischen PCR Fragmente von *StuI* (*1500bp* und *1000bp*) und *SmaI* (*1200bp* und *1000bp*) wurden vom Gel ausgeschnitten, aufgereinigt und sequenziert. Die Sequenzierung der mit *R* markierten PCR Banden ergab eine Umlagerung, während das *StuI* PCR Fragment (*1000bp*) bzw. die *SmaI* Fragmente der untersuchten Kontrolle und Probe die Germline Sequenz (*G*) aufwiesen.

Die Analyse der Sequenzen durch die BLAT-Datenbank ergab eine Zusammenlagerung des Chromosom 14 zwischen den Positionen: 22,075,848bp (14q11) und 101,377,803bp (14q32) (Abb.5.44).

Der 22,075,848bp Bruchpunkt innerhalb des *TRA/D* Genortes hat zwischen *TRAJ8* und *TRAJ7* stattgefunden. Hierbei hat sich der centromer gelegene Chromosomenabschnitt des 22,075,848bp Bruchpunktes (inkl. *TRAJ8* ect.) mit dem telomer gelegenen Chromosomenabschnitt des 101,377,803bp Bruchpunktes zusammengelagert. Dadurch wurde im Chromosomenabschnitt 14q32 die Gensequenz der regulatorischen Untereinheit B' der Proteinphosphatase (*PPP2R5C*) zerrissen.

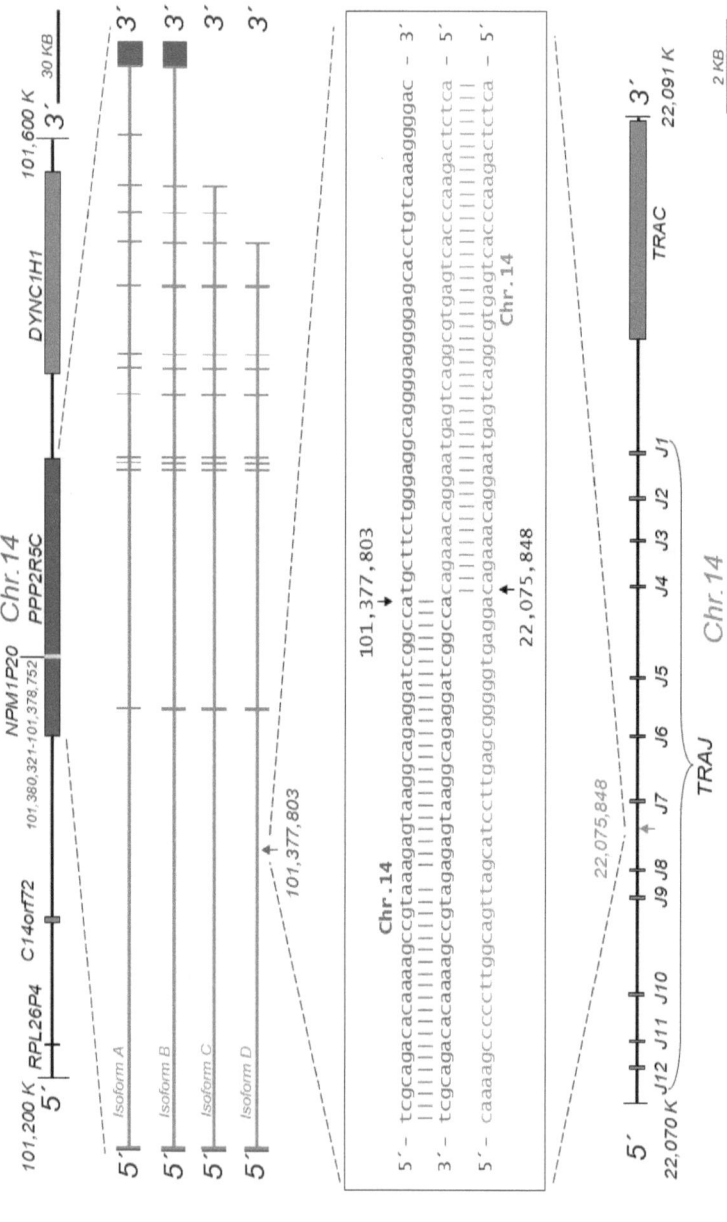

Abb. 5.44.: **Erster Bruchpunkt der Translokation t(14;14)(q11;q32) der Probe 1365/04** wurde zwischen den Positionen 22,075,848bp (14q11) und 101,377,803bp (14q32) detektiert. Der 14q32 Bruchpunkt befindet sich innerhalb des *PPP2R5C* Gens zwischen dessen ersten und zweiten Exons. Der centromer gelegene Teil dieses Bruchpunktes (inkl. des ersten Exons) wurde mit der *TRA/D* Sequenz an der Position 22,075,848bp zusammengelagert.

5.6. Sézary Patientenprobe 1365/04

Zur Bestimmung der verbleibenden Sequenz des betroffenen *PPP2R5C* Gens wurde eine LM-PCR mit den reverse orientierten Primern PPP2R5C-back-A/B durchgeführt. Die Primer wurden ca. 350bp centromer des zuvor bestätigten 101,377,803bp Bruchpunktes gelegt, da der genomische Abschnitt des *PPP2R5C* Gens nicht durch die Fine Tiling CGH abgedeckt wurde. Diese LM-PCR wurde sozusagen „blind" durchgeführt, da man sich nicht an die visuellen Bruchpunkte der FT-CGH orientieren konnte.

Die LM-PCR mit den Primern PPP2R5C-back-A/B zeigte bei der 1365/04 Probe atypische Banden, die größenmäßig nicht der HEK 293-T Germline Konfiguration entsprachen. Diese atypischen Banden wurden zur Sequenzanalyse vom Gel ausgeschnitten, aufgereinigt und sequenziert. Die Analyse ergab eine Zusammenlagerung der *PPP2R5C* Gensequenz an der Position 101,378,057bp mit der Position 22,546,182bp des Chromosom 14 (Abb.5.45).

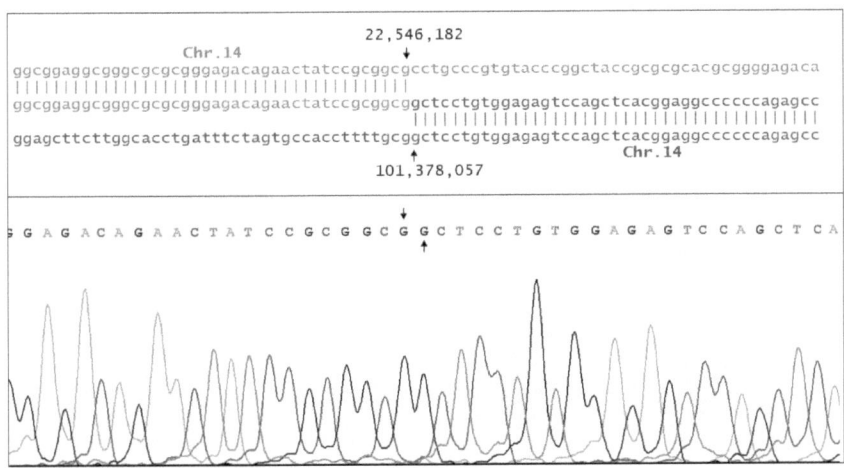

Abb. 5.45.: Sequenzergebnis der LM-PCR mit den Primern PPP2R5C-back-A/B
Die Sequenzanalyse durch die BLAT Datenbank und deren Darstellung im Chromas Programm zeigt eine exakte Zusammenlagerung der Sequenzen des Chromosom 14 zwischen den Positionen 22,546,182bp und 101,378,057bp (14q32). Bei dieser genetischen Aberration wurden keine zusätzlichen Basen eingefügt.

Die Analyse der betroffenen Genbereiche ließ erkennen, dass der zweite Bruchpunkt ebenfalls innerhalb des *PPP2R5C* Gens lokalisiert ist. Dieser 14q32 Bruchpunkt liegt 254bp telomer des zuvor bestätigten ersten *PPP2R5C* Bruchpunktes.

Durch diese Translokation t(14;14)(q11q32) wurden 253bp des *PPP2R5C* Introns zwischen dem ersten und zweitem Exon deletiert. Die Sequenzanalyse zeigte weiterhin, dass der 22,546,182bp Bruchpunkt innerhalb der Sequenz des *C14orf93* (*Chromosom 14 Open Reading Frame 93*) und somit außerhalb des *TRA/D* Genortes stattgefunden hat (Abb.5.45).

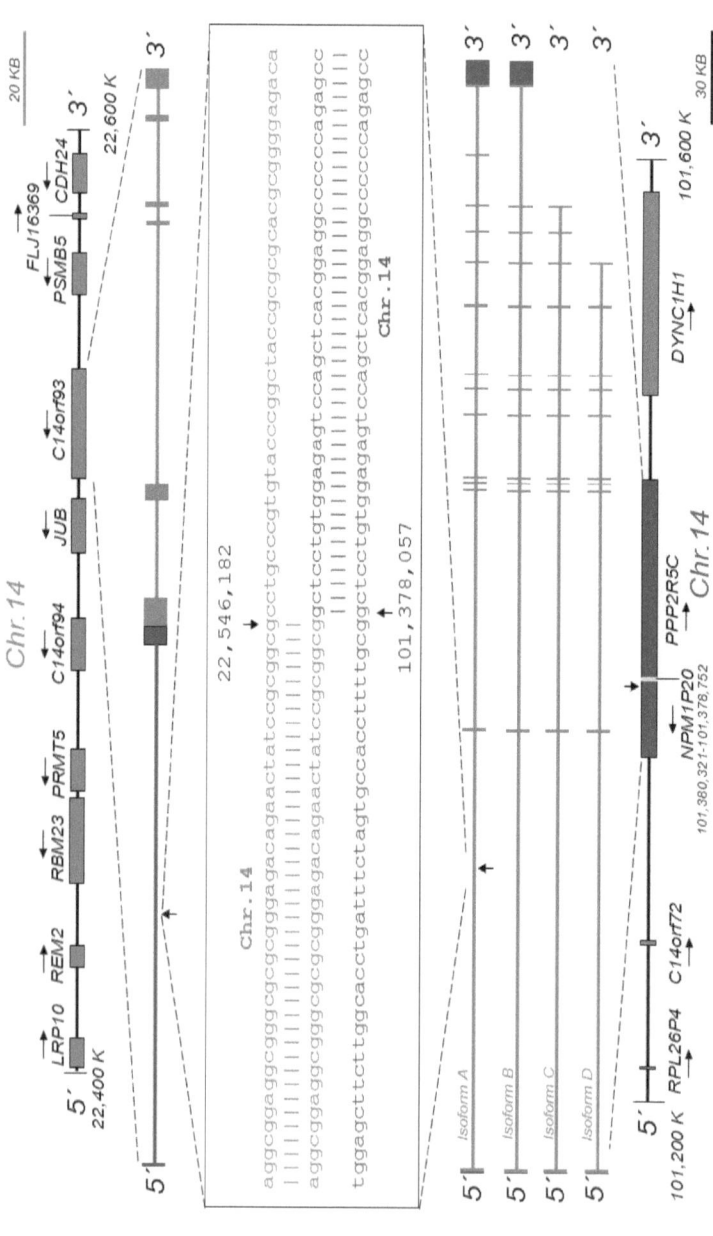

Abb. 5.46.: **Zweiter Bruchpunkt der Translokation t(14;14)(q11;q32) der Probe 1365/04** fand an den Positionen 22,546,182bp und 101,378,057bp des Chr.14 statt. Der zweite *PPP2R5C* Bruchpunkt liegt telomer des zuvor ermittelten ersten Genbruchpunktes (Siehe Abb.5.44) und ist ebenfalls zwischen dem ersten und zweiten *PPP2R5C* Exon lokalisiert. Der 14q11 Bruchpunkt fand zwischen dem ersten und zweiten Exon des *C14orf93* (*Chromosom 14 open reading frame*) statt.

Die FT-CGH deckte den Bereich des offenen Leserastergens *C14orf93* nicht ab, was die Analyse des verbleibenden Bruchpunktes erschwerte. In diesem Chromosomenabschnitt wurden etwa 600bp bis 1500bp centromer des zuvor bestätigten 22,546,182bp Bruchpunktes mehrere Primerkombinationen mit reverser Orientierung getestet. Der Versuch, diesen Genbruchpunkt abermals durch „blinde" LM-PCRs zu klären, schlug fehl. Die PCR Analysen konnten keinen Hinweis auf atypische Banden geben, die man bezüglich ihrer Sequenzen hätte analysieren können. Der Grund könnte eine größere Deletion telomer des zuvor bestätigten Bruchpunktes an der Position 22,546,182bp sein.

Das betroffene *PPP2R5C* Gen wurde auf cDNA Ebene bezüglich eines Fusionstranskriptes zwischen dem ersten Exon des Gens und der konstanten Region des T-Zell-Rezeptor alpha (*TRAC*) Genortes untersucht. Hierfür wurde innerhalb des ersten *PPP2R5C* Exons der forward orientierte Primer RT-PPP2R5C-f1 und in dem *TRAC* Fragment der reverse orientierte Primer Ca+133 gelegt. Die 1365/04 Probe wies als einzige Probe eine PCR Bande mit der Größe von 350bp auf. Diese wurde ausgeschnitten, aufgereinigt und sequenziert. Die Analyse ergab eine Zusammenlagerung zwischen dem ersten Exon des *PPP2R5C* Gens und der konstanten Region des T-Zell-Rezeptor alpha Genortes (*TRAC*) (Abb.5.47).

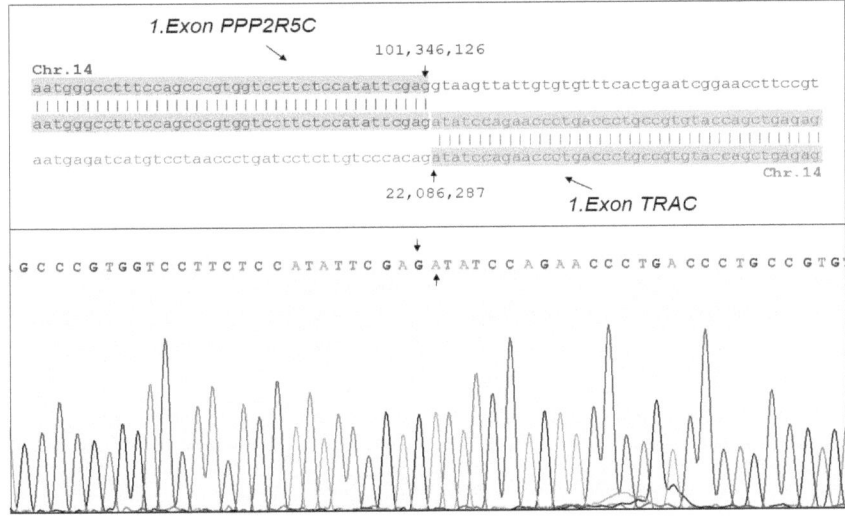

Abb. 5.47.: **Sequenzanalyse der *PPP2R5C-TRAC* Fusions-mRNA der Probe 1365/04** mit den Primern RT-PPP2R5C-f1 und Ca+133 ergab eine direkte Zusammenlagerung des ersten Exons des *PPP2R5C* Gens und des ersten Exons von *TRAC*. Bei der Entstehung dieser Fusions-mRNA wurden keine Basen eingefügt.

5. Ergebnisse

Die Anzahl der *PPP2R5C-TRAC* Fusions-mRNA im Vergleich zur gemessenen β2MG (*beta*2 Mikroglobulin) mRNA wurde anschließend im TaqMan mit den Primern RT-PPP2R5C-f1 und Ca+133 bestimmt. Hierbei wurden 347 Kopien der Fusions-mRNA auf 100.000 β2MG mRNA Kopien ermittelt.

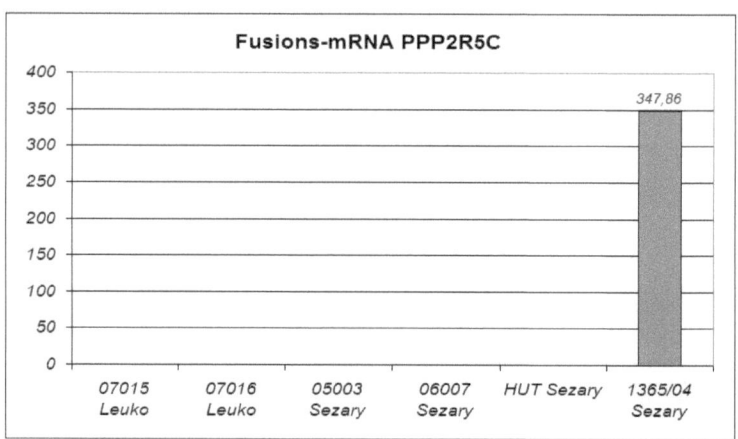

Abb. 5.48.: Messung der *PPP2R5C-TRAC* Fusions-mRNA der Probe 1365/04 Die 1365/04 Probe zeigte im Vergleich zu anderen Sézary Proben, gesunden Leukocyten bzw. der HUT-Sézary Zelllinie als einzige die *PPP2R5C-TRAC* Fusions-mRNA. Hierbei wurden 347 Kopien auf 100.000 β2MG Kopien bestimmt.

Das Fusionstranskript bestehend aus dem ersten Exon der regulatorischen Untereinheit B' der Proteinphosphatase (*PPP2R5C*) und der konstanten alpha Region des T-Zell-Rezeptors zeigt zwei Resultate. Erstens wurde durch diese genetische Aberration t(14;14)(q11;q32) das *PPP2R5C* Gen zerstört. Zweitens kam es zu der Entstehung der *PPP2R5C-TRAC* Fusions-mRNA, die wiederum zur Bildung eines neuen Proteins führen kann.

Die Abbildung 5.49 stellt die genetische Veränderung des Chromosoms 14 dar. Das betroffene *PPP2R5C* Gen liegt hierbei rund 79M vom analysierten *TRA/D* Genort entfernt. Die FISH Technik konnte den Bruch innerhalb des T-Zell-Rezeptor *alpha/delta* detektieren, jedoch nicht den Partner dieser genetische Aberration feststellen. Die Kombination der FT-CGH und LM-PCR ließ die Klärung dieser chromosomalen Veränderung auf dem molekularen Level zu. Aufgrund der fehlenden FT-CGH Daten zwischen 22,5M und 101,4M konnte nicht geklärt werden, ob dieser Abschnitt des Chromosoms dupliziert bzw. transpositioniert wurde. Ebenfalls konnte der zweite Bruchpunkt innerhalb des offenen Leserasters *C13orf93* aufgrund der fehlenden FT-CGH Daten nicht geklärt werden. Hierzu ist eine erneute Fine Tiling-CGH Analyse des Chromosoms 14 dieser Probe in den betroffenen Regionen notwendig.

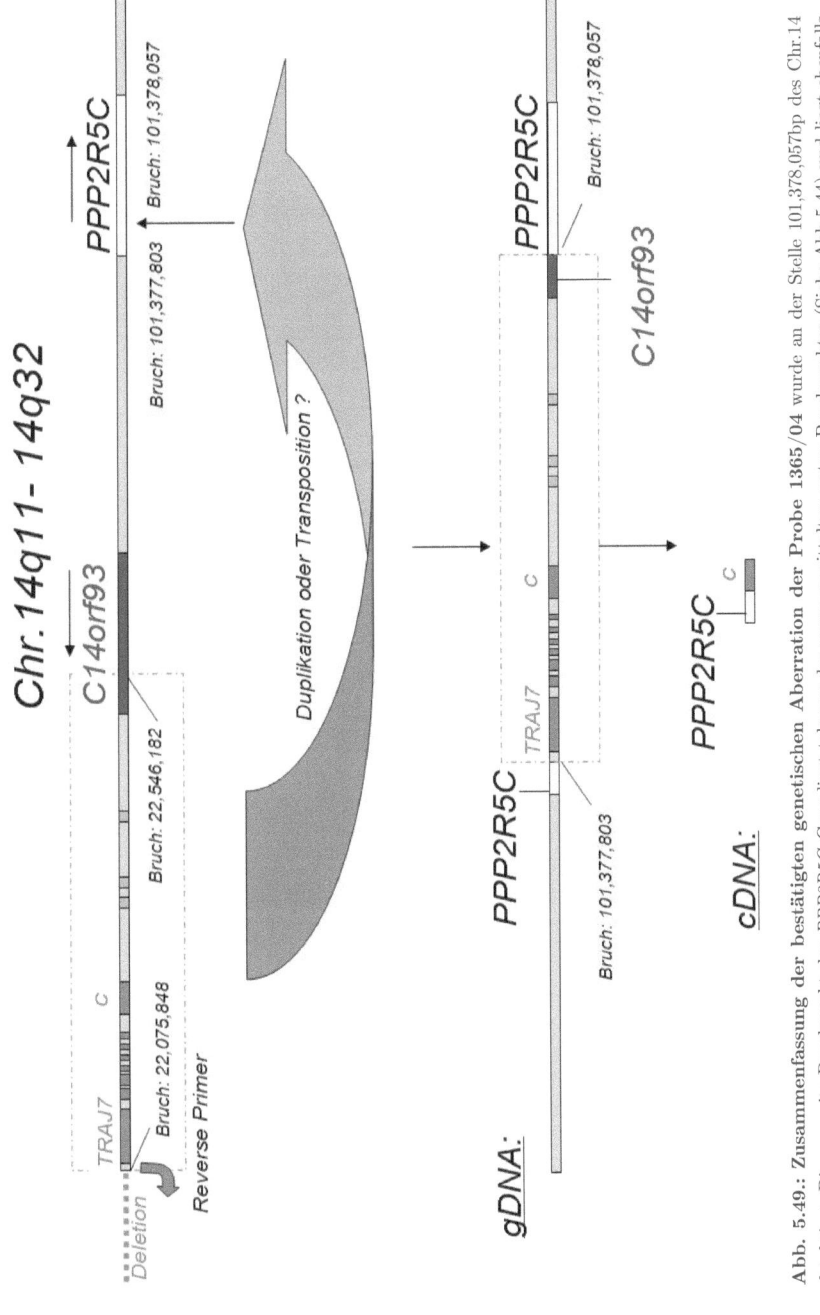

Abb. 5.49.: Zusammenfassung der bestätigten genetischen Aberration der Probe 1365/04 detektiert. Dieser zweite Bruchpunkt des *PPP2R5C* Gens liegt telomer des zuvor ermittelten ersten Bruchpunktes (Siehe Abb.5.44) und liegt ebenfalls zwischen dem ersten und zweiten Exon des *PPP2R5C* Gens. Durch die bestätigte Translokation t(14;14)(q11q32) kam es zur Bildung einer Fusions-mRNA, die aus dem ersten Exon des *PPP2R5C* Gens und der *TRAC* Region besteht.

5.7. KK1 Zelllinie

Bei der KK1 Zelllinie handelt es sich um Zellen einer Adulten T-Zell-Leukämie (ATL), die durch das Retrovirus HTLV-I verursacht wird [31], [102]. Die Fine Tiling-CGH des *TRA/D* Genortes zeigte aufgrund der hohen Signalintensitätsschwankungen insgesamt sechs Bruchpunkte an den Positionen: 21,427K, 21,525K, 21,809K, 21,930K, 22,036K und 22,043K. Aufgrund der starken Signalschwankungen an den Positionen 21,427K, 21,525K, 22,036K und 22,043K schien es sich hierbei um echte Bruchpunkte zu handeln, die mittels der LM-PCR auf mögliche Genumlagerungen untersucht wurden (Abb.5.50).

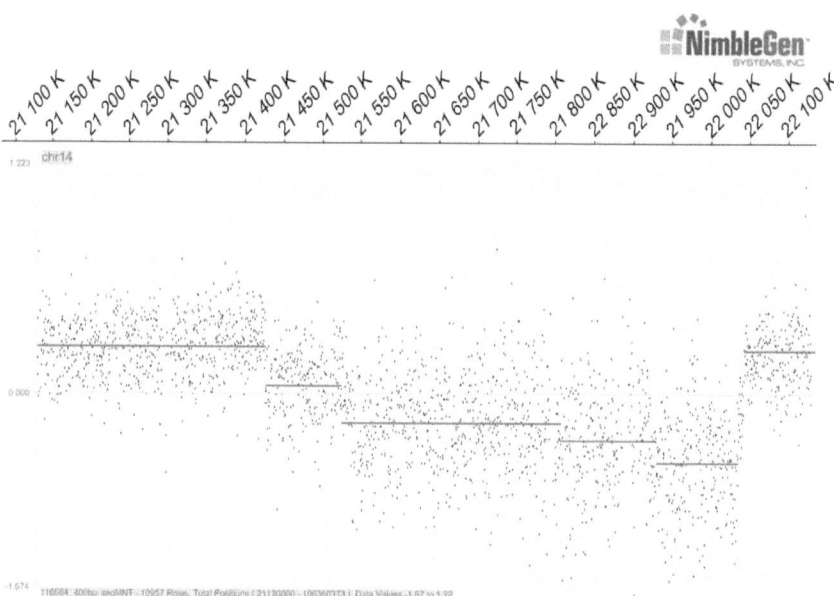

Abb. 5.50.: FT-CGH des *TRA/D* Genortes (14q11) der KK1 Zelllinie Aufgrund der großen Schwankungen der Signalintensitäten sind sechs Bruchpunkte im T-Zell-Rezeptor *alpha/delta* Genort erkennbar. Bei den vier Bruchpunkten an den Positionen 21,426K, 21,525K, 22,036K und 22,043K sind klare Signalunterschiede innerhalb des *TRA/D* Genortes ersichtlich. Es wurde davon ausgegangen, dass es sich um echte Bruchpositionen handelt, die nachfolgend durch LM-PCRs analysiert wurden.

Die LM-PCR Analyse wurde an der Position 22,036K mit den reverse orientierten Primern TRAJ40-r3/r4 durchgeführt. Diese PCR zeigte atypische Banden von der untersuchten KK1 Zelllinie bei *DraI* (*2500bp*), *EcoRV* (*3000bp*) und *StuI* (*1000bp*) (Abb.5.51). Diese Banden wurden vom Gel ausgeschnitten, aufgereinigt und anschließend sequenziert.

5.7. KK1 Zelllinie

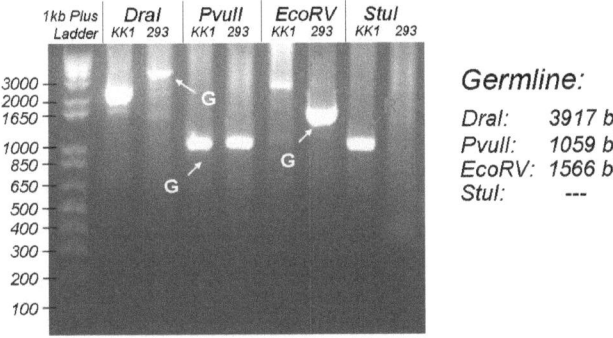

Abb. 5.51.: Aufgetragene LM-PCR des *TRA/D* Genortes mit den Primern TRAJ40-r4/AP2 zeigt atypische Fragmente bei *DraI* (*2500bp*), *EcoRV* (*3000bp*) und *StuI* (*1000bp*) (mit *R* markiert). Diese wurden vom Gel ausgeschnitten, aufgereinigt und anschließend sequenziert.

Die Analyse der Sequenzierung ergab eine Zusammenlagerung innerhalb des *TRA/D* Genortes zwischen den Fragmenten *TRAV12-1* an der Position 21,426,515bp und *TRAJ42* an der Position 22,035,720bp (Abb.5.52).

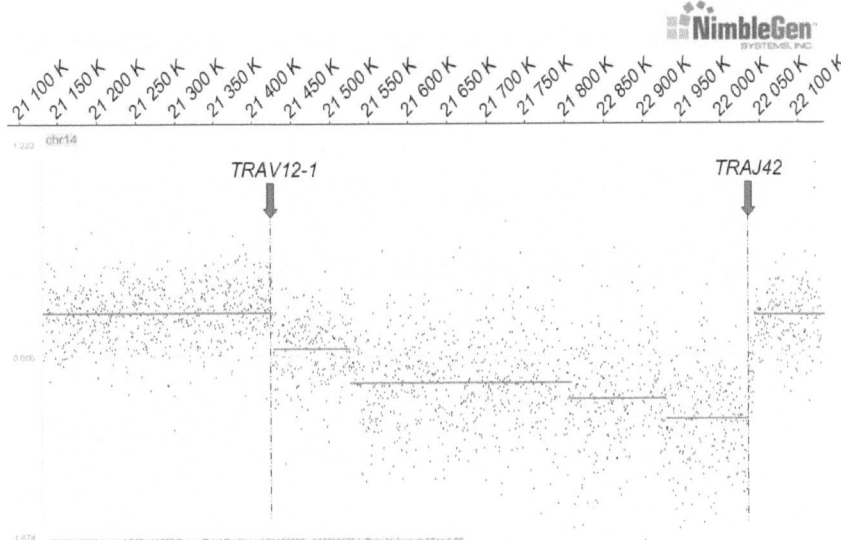

Abb. 5.52.: Bestätigtes *TRA/D* Rearrangement der KK1 Zelllinie zeigt die involvierten Fragmente *TRAV12-1* und *TRAJ42*. Hierbei kam es zur Zusammenlagerung der Positionen 21,426,515bp und 22,035,720bp.

5. Ergebnisse

Weitere LM-PCR Analysen der beiden verbleibenden Bruchpunkte an den Positionen 21,537K und 22,036K konnten keinen Aufschluss über mögliche chromosomale Umlagerungen geben, da die LM-PCRs keine atypischen Banden bei der KK1 Zelllinie aufwiesen.

Eine Signalschwankung bei der KK1 Zelllinie zeigte ein weiterer mittels der FT-CGH analysierter Chromosomenbereich (14q32.2) zwischen den Positionen 97M und 99M (Abb.5.53). Dieser genomische Abschnitt wurde bei der FT-CGH Analyse mit einbezogen, da im Bereich von 98,807,575bp bis 98,705,377bp das Zinkfingerprotein *BCL11B* lokalisiert ist.

Die *BCL11B* Gensequenz weist eine starke Homologie zu der von *BCL11A* auf, ein Gen das bei lymphoiden Tumoren entweder durch chromosomale Translokation oder Amplifikationen eine Rolle spielt [85]. In zwei T-ALL Proben wurde eine Translokation zwischen dem T-Zell-Rezeptor δ (*TRD*) Genort (14q11) und dem *BCL11B* Gen nachgewiesen, was zur Expression einer neuen *BCL11B-TRDC* Fusions-mRNA führte [80].

Die in der Abbildung 5.53 erkennbaren Bruchpunkte an den Positionen 98,220K und 98,726K wurden mittels der LM-PCR auf mögliche chromosomale Veränderungen nachfolgend analysiert.

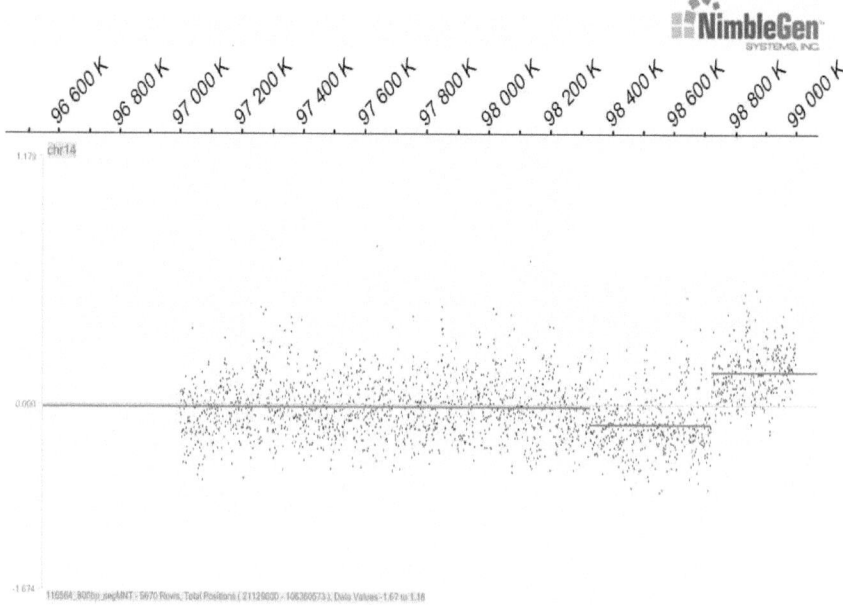

Abb. 5.53.: FT-CGH Analyse der KK1 Zelllinie des 14q32.2 Genortes im Bereich von 97-99M zeigt aufgrund der gemessenen Signalschwankungen des genetischen Materials bei den Positionen 98,220K und 98,726K einen Bruch auf, welche nachfolgend mittels der LM-PCR analysiert wurden.

5.7. KK1 Zelllinie

Zunächst wurde im Bereich des 98,726K Bruchpunktes mit den reverse orientierten Primern BCL11B-r7/r8 die LM-PCR durchgeführt. Diese zeigte bei *SmaI* eine atypische Bande, die vom Gel ausgeschnitten, aufgereinigt und sequenziert wurde. Die Auswertung ergab die Zusammenlagerung des Chromosoms 14q32 im Bereich 96,770,964bp mit 98,724,084bp mit einer Deletion von insgesamt 1,953,120bp (Abb.5.54). Diese Deletion wurde mit den genspezifischen Primern hmm-f1 und BCL11B-r8 bei der ungeschnittenen gDNA der KK1 bestätigt (Siehe Tab.2.11).

Der bestätigte Bruchpunkt innerhalb von *BCL11B* fand zwischen dem ersten und zweiten Exon des Gens statt (Abb.5.56). Durch diese chromosomale Veränderung wurden die downstream der Bruchpunktposition (98,724,084bp) gelegenen Exons des Zinkfingerproteins deletiert.

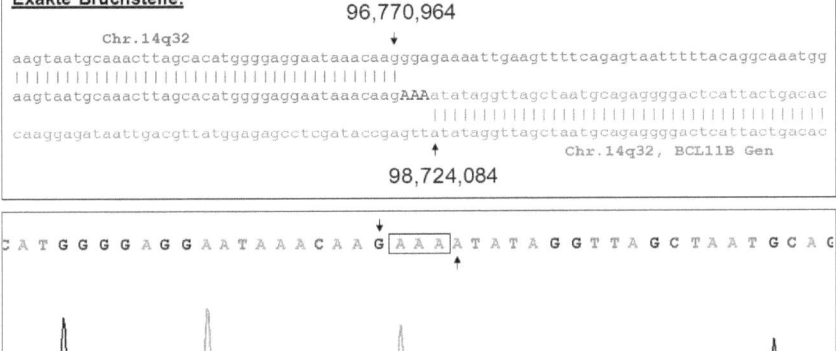

Abb. 5.54.: Sequenzanalyse des atypischen PCR Produktes der KK1 Zelllinie mit den Primern BCL11B-r8 und AP2 zeigt die Zusammenlagerung des Chromosoms 14q32 zwischen den Positionen 96,770,964bp und 98,724,084bp. Hierbei wurden zusätzlich die drei Nucleotide *AAA* zwischen die Sequenzen eingefügt.

Der Abgleich der Sequenzierung mit der genomischen Datenbank BLAT ergab die Lokalisierung des 96,770,964bp Bruchpunktes zwischen den beiden hypothetischen Genen *LOC730133* und *LOC730217* (Abb.5.55). Der zweite Bruchpunkt an der Position 98,724,084bp fand innerhalb des *BCL11B* Gens statt, wodurch die Sequenz dieses Gens zerrissen wurde. Die Abbildung 5.55 zeigt außerdem, dass es zur Deletion der hypothetischen Gene *LOC730217*, *LOC100129345*, *LOC100132612*, des chromosomalen open reading frames *C14orf177* und des ribosomalen Pseudoproteins *RPL3P4* kam.

5. Ergebnisse

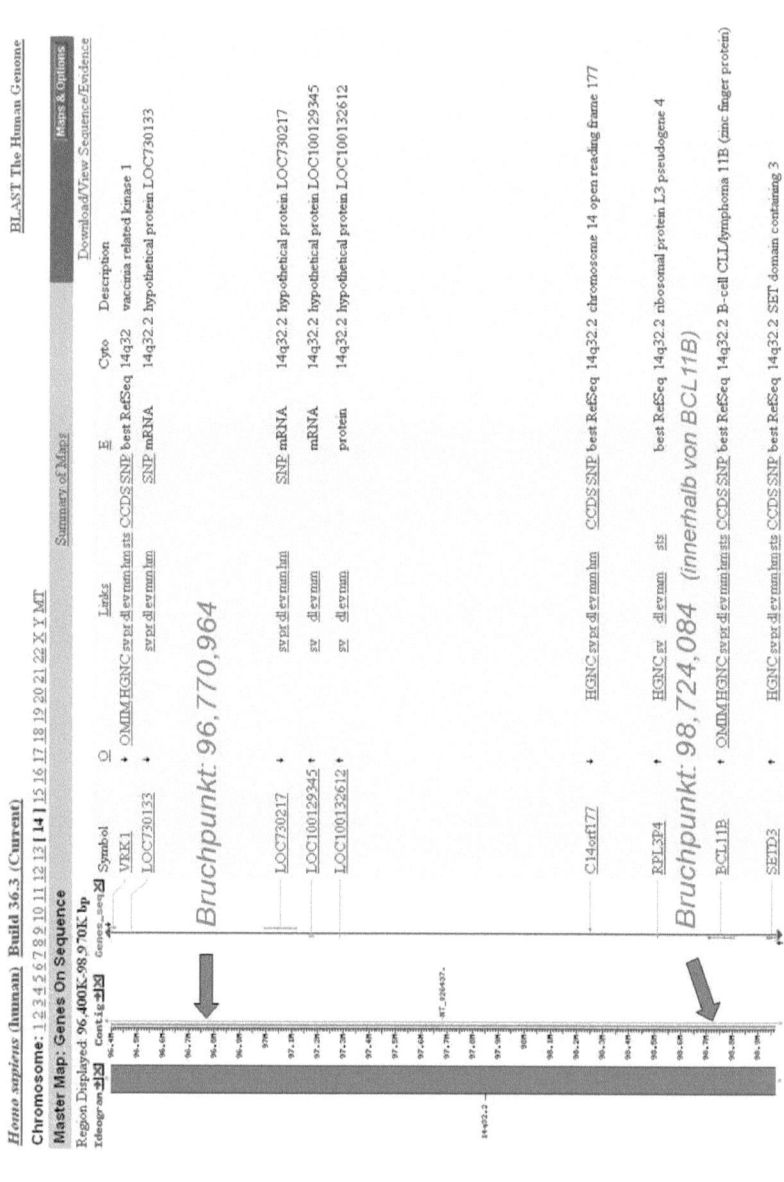

Abb. 5.55.: Bruchpunkte der Deletion im 14q32 Genort der Zelllinie KK1 an den Positionen 96,770,964bp und 98,724,084bp. Hierbei kam es zur Deletion von *LOC730217, LOC100129345, LOC100132612, C14orf177* und *RPL3P4*. Der 98,724,084bp Bruch ist innerhalb des *BCL11B* Gens lokalisiert.

5.7. KK1 Zelllinie

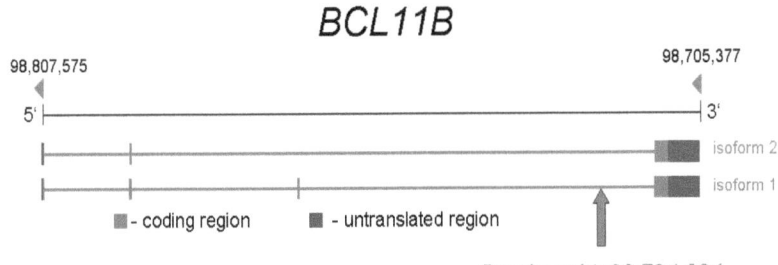

Abb. 5.56.: Bruchpunkt innerhalb des *BCL11B* Gens der KK1 Zelllinie an der Position 98,724,084bp hat zwischen dem ersten und zweiten Exon des Gens stattgefunden. Dadurch wurde dessen Sequenz zerstört.

Die FT-CGH Analyse des 14q32 Genortes konnte den bestätigten 96,770,964bp Bruchpunkt nicht aufzeigen, da diese nur den genomischen Bereich von 97-99M abdeckte (Abb.5.57).

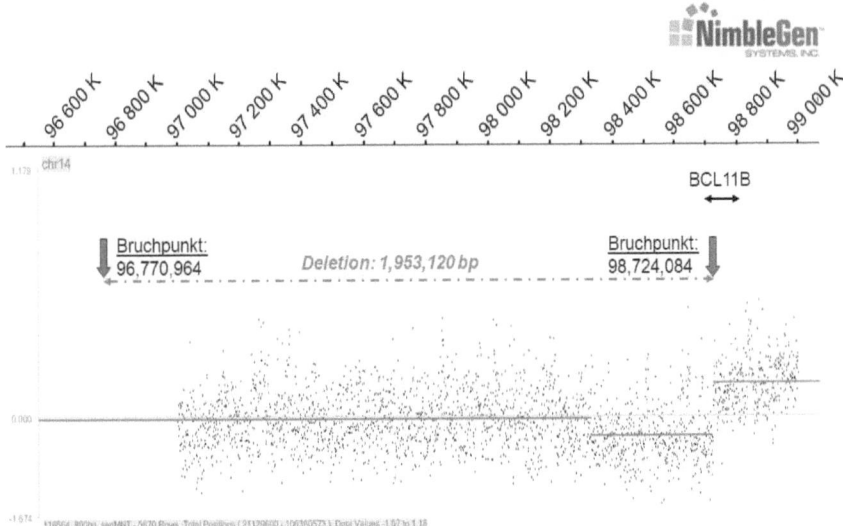

Abb. 5.57.: Bestätigte Deletion der KK1 Zelllinie im 14q32 Genort zwischen 96,770,964bp und 98,724,084bp. Der Beginn der Deletion an der Position 96,770,964bp ist nicht erkennbar, da die FT-CGH Analyse nur den genomischen Bereich zwischen 97-99M abdeckte.

Die LM-PCRs der KK1 Zelllinie an dem verbleibenden 98,220K Bruchpunkt des 14q32 Genortes zeigten keine atypischen Banden, die Aufschluss über eventuelle chromosomale Veränderungen geben könnten.

6. Diskussion

Im Abschnitt dieser Arbeit werden die genomischen Veränderungen der Zelllinien und Leukämieproben diskutiert. Die bestätigten chromosomalen Aberrationen werden mit der aktuellen Literatur verglichen und die Funktion der beteiligten Gene dokumentiert.

6.1. Analyse bestimmter Genorte mittels FT-CGH und LM-PCR

Die FT-CGH Analyse wurde in genomischen Bereichen durchgeführt, in denen unbalancierte Genumlagerungen erwartet wurden. Hierzu zählt der Genort des T-Zell-Rezeptor α/δ (TRA/D) auf Chr.14q11. In diesem Bereich finden normale V(D)J Umlagerungen statt, die für die Bildung des T-Zell-Rezeptors notwendig sind. Geht dieser Prozess mit Fehlern einher, kann dies zu aberranten chromosomalen Veränderungen führen. Diese werden in verschiedenen Leukämien beobachtet [11], [13].

So wurden unter anderem bei der akuten lymphoblastischen T-Zell-Leukämie (T-ALL) Translokationen des TRA/D Genortes mit dem Homeobox Gen $NKX2$-5 (5q35.2) bzw. dem $BCL11B$ Gen (14q32.2) nachgewiesen [80], [81]. Um neue Erkenntnisse über genomische Umlagerungen, involvierte Gene und molekularbiologische Veränderungen zu erhalten, wurde die FT-CGH auf diese drei Genorte angewendet.

6.2. Ergebnisse der FT-CGH und LM-PCR

Bei den Zelllinien DAOY und KK1 bzw. den Leukämieproben L124/99, 274/05, 551/01, 867/05 und 1365/04 konnten mittels der Kombination aus FT-CGH und LM-PCR mehrere genomische Veränderungen geklärt werden.

Einige dieser Veränderungen, wie zum Beispiel die Inversion inv(14)(q11q32) oder die Translokation t(14;14)(q11q32), sind bei verschiedenen Leukämien cytogenetisch bekannt [12], [61], [55]. Nachfolgend werden die Ergebnisse der einzelnen Proben in den Genregionen TRA/D, $NKX2.5$ und $BCL11B$ nochmals kurz beschrieben und die Funktion der betroffenen Gene diskutiert. Eine Übersicht aller Ergebnisse dieser Arbeit ist im Anhang in der Tabelle A.1 zu finden.

6. Diskussion

6.2.1. DAOY Zelllinie

Die Medulloblastomzelllinie DAOY wurde aus Gehirntumorzellen eines 4-jährigen Jungen etabliert [18]. Da in diesen Zellen keine somatischen Rekombinationen stattfinden, wurden in den Genorten der T-Zell-Rezeptoren und der Immunglobulinen keine genetischen Umlagerungen erwartet und auch nicht durch die FT-CGH Analyse beobachtet (Abb.5.1).

Die FT-CGH des Chromosoms 5q35.1-35.2 im Bereich 170M-173M ließ einen Signalverlust centromer der Nucleotidposition 170,135K vermuten (Abb.5.2). Mittels der LM-PCR konnte auf einem Allel eine Deletion zwischen dem Sequenzbereich 169,417,566bp und 170,134,526bp geklärt werden (Abb.5.4). Hierbei wurden folgende Gene deletiert: *LOC100131897*, *LOC100133106*, *LOC133874*, *LOC100128059*, *LOC100129887*, *FOXI1*, *KRT18P41*, *LCP2*, *KCNMB1* und *KCNIP1* (Abb.5.5). Bei den LOC-Genen handelt es sich um hypothetische Gene. Diese weisen eine Genstruktur auf, nehmen aber nicht an der Proteinbiosynthese teil. Das Pseudogen *KRT18P41* (engl.: *keratin 18 pseudogene 41*) nimmt ebenfalls nicht an der Transkription teil, da Pseudogene in der Regel zu viele Mutationen in ihren Sequenzen aufweisen. Nachfolgend werden die Funktionen der deletierten Gene *FOXI1*, *LCP2*, *KCNIP1* und *KCNMB1* betrachtet.

FOXI1

Das humane Forkhead box I1 (*FOXI1*) Gen gehört zur Klasse der Forkhead Transkriptionsfaktoren. Dieses besteht aus mindestens 43 Mitgliedern, die sich durch ihre Forkhead Domäne unterscheiden [48]. Das erste Forkhead box (FOX) Protein wurde als Forkhead Transkriptionsfaktor in Drosophila nachgewiesen und es konnte gezeigt werden, dass ein Genverlust zu einer gabelförmigen Veränderung des Kopfes führt [98], [97].

Bei einigen genetischen Veränderungen wurden Fusionsproteine von Forkhead Mitgliedern gefunden. So wurde in Rhabdomyosarkomen die Fusion zwischen dem *FOXO1* Gen und dem *PAX3* bzw. *PAX7* Gen nachgewiesen [48]. Des Weiteren kam es in hämatologischen Erkrankungen zur Fusion des *FOXO3* bzw. *FOXO4* Gens mit dem *MLL* Gen [48].

Aktuelle Studien zeigen, dass das Fehlen des Transkriptionsfaktors *FOXI1* in bestimmten Epithelienzellen zum Expressionsverlust der vier Untereinheiten A1, B1, E2 und a4 der Protonenpumpe H^+-ATPase führt [96].

LCP2

Das *LCP2* Gen (engl.: *lymphocyte cytosolic protein 2*), auch *SLP-76* genannt, spielt eine entscheidende Rolle bei Signalwegen in hämatopoetischen Zellen [88]. Das SH_2 domäne enthaltende und Leukocyten-spezifische Phosphoprotein (SLP-76) besitzt eine Größe von 76kDa [88]. Eine verstärkte *SLP-76* Expression wurde in peripheren Blutlymphocyten, in Milz, im Thymus, in T-Lymphocyten und hämatopoetischen Zellen der myeloischen Reihe nachgewiesen [17], [42].

Die *SLP-76* Expression ist für eine optimale rezeptorvermittelte Signalübertragung in Thrombocyten und T-Lymphocyten notwendig [17], [101]. In *SLP-76* defizienten Mäusen konnte eine komplette Blockade der Thymus-Entwicklung mit dem Fehlen von doppelt positiven $CD4^+/CD8^+$ Zellen und peripheren T-Zellen gezeigt werden [16], [78].

KCNIP1

KCNIP1, auch bekannt als *KCHIP1*, zählt zur Familie spannungsaktivierter Kaliumkanal-interagierender Proteine (engl.: *voltage-gated potassium (Kv) channel-interacting proteins (KCNIPs)*) [79]. Die Mitglieder der *KCNIP*-Familie sind kleine calciumbindende Proteine mit vier "EF-hand-like" Domänen [1]. Diese binden an den cytoplasmischen N-Terminus der 4α-Untereinheiten spannungsaktivierter Kaliumkanäle, kontrollieren so die Membranspannung und spielen bei der Weiterleitung des Aktionspotentials bei Neuronen und Herzzellen eine Rolle [1], [30].

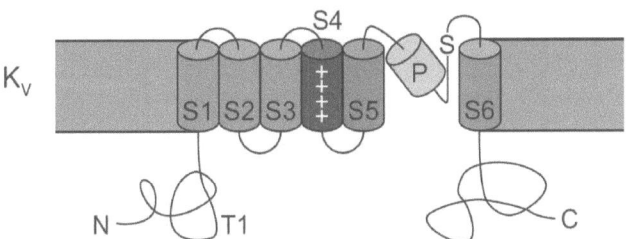

Abb. 6.1.: Struktur eines spannungsabhängigen Kaliumkanals (Helix der Transmembran durch S1-S6 nummeriert, Porehelix (P), Signatursequenz (S), Amino-Terminus (N), Carboxyl-Terminus (C), T1-Domäne (T1). Die extrazelluläre Seite ist oben.) [66]

Die drei vorkommenden *KCNIP1* Isoformen *KCNIP1-IaΔII*, *KCNIP1-Ib* und *KCNIP1-IbΔII* wurden vorwiegend in humanen und murinen Nervensystem nachgewiesen [79]. Eine verstärkte humane *KCNIP1-IaΔII* Expression konnte in Gehirn, Rückenmark und Hoden gezeigt werden [79]. Ebenfalls ergaben semiquantitative Analysen der humanen *KCNIP1-IabΔII*-mRNA eine verstärkte Expression im Gehirn und Rückenmark [79].

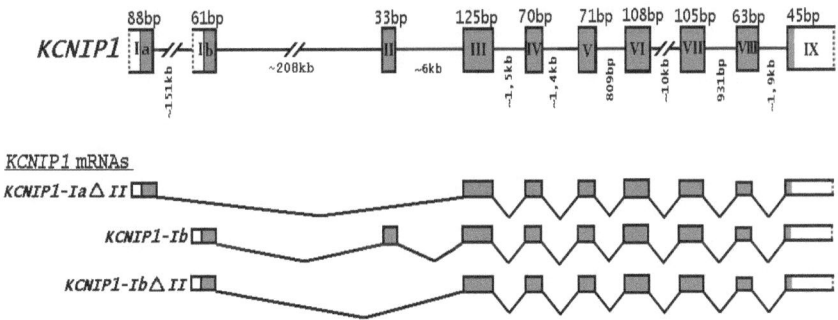

Abb. 6.2.: Struktur und alternative Transkripte des humanen *KCNIP1* Gens mit den drei vorkommenden Isoformen: *KCNIP1-IaΔII*, *KCNIP1-Ib* und *KCNIP1-IbΔII*; leicht abgeändert aus [79]

KCNMB1

Die Sequenz des *KCNMB1* Gens (engl.: *potassium large conductance calcium-activated channel, subfamily M, beta member 1*) liegt innerhalb des *KCNIP1* Gens. Bei der *KCNMB1* Transkription wird der negative DNA Strang von der RNA Polymerase erkannt und genutzt. Das *KCNMB1* (Synonym: *SLO-BETA, hslo-beta*) Protein spielt eine Rolle bei Ca2+- und spannungsaktivierten Kaliumkanälen (BK, MaxiK). Die Ca2+-aktivierten Kaliumkanäle haben gegenüber spannungsakivierten Kaliumkanäle ein zusätzliches Transmembransegment und sind strukturell ähnlich aufgebaut (Abb.6.3) [64].

Ca^{2+}-aktivierte Kaliumkanäle werden stark durch die Koexpression der regulatorischen β-Untereinheit (β-UE) betroffen [75]. Zu dieser regulatorischen Untereinheit zählt unter anderem das *KCNMB1* Gen.

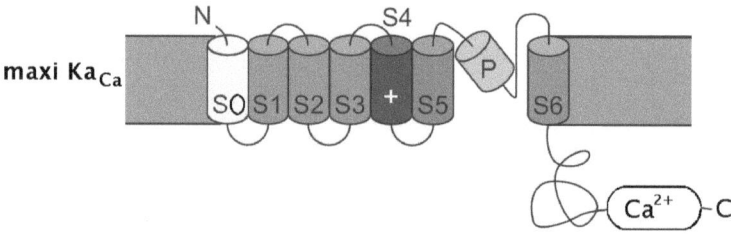

Abb. 6.3.: Struktur eines MaxiK Kanal (Helix der Transmembran durch S1-S6 nummeriert, Porehelix (P), Amino-Terminus (N), Carboxyl-Terminus (C). Die extrazelluläre Seite ist oben.) [66]

Die Deletion von ca. 717K auf einem Allel des Chromosoms 5 zeigt, dass die Gene *FOXI1*, *LCP2*, *KCNIP1* und *KCNMB1* betroffen sind. Dieses Ereignis könnte zu einer veränderten Expression dieser Gene führen. Des Weiteren wäre ein totaler Funktionsverlust durch eine balancierte Translokation bzw. Mutation des anderen Allels denkbar.

Da es sich bei der DAOY Zelllinie um ein Medulloblastom handelt, sind die Gene *KCNIP1* und *KCNMB1* von besonderem Interesse. Die Proteine dieser beiden Gene spielen bei der Interaktion von Kaliumkanälen eine Rolle. Diese Ionenkanäle sind spezielle Membranproteine, die den passiven Durchtritt von Kalium (K$^+$) durch die Plasmamembran gewährleisten [27]. Kaliumkanäle nehmen eine wichtige Funktion bei der Weiterleitung des Aktionspotentials als universelles Kommunikationsmittel innerhalb des Nervensystems ein [27]. Bei einer veränderten Expression von *KCNIP1* bzw. *KCNMB1* bzw. beim vollständigen Funktionsverlust dieser Gene könnte die Weiterleitung des Aktionspotentials im Nervensystem beeinträchtigt werden.

Die Auswirkung der Deletion der Gensequenzen in der DAOY Zelllinie bleibt zu prüfen. Eine mögliche Expressionsänderung der betroffenen Gene müsste durch die Real-time-semiquantitative PCR nachgewiesen werden. Hierzu wäre ein Vergleich der DAOY Zelllinie mit anderen malignen und gesunden Gehirnzellen notwendig. Des Weiteren muss ausgeschlossen werden, dass die Deletion nicht während der Etablierung der Zelllinie entstanden ist. Ferner bleibt zu prüfen, ob die ermittelten Gensequenzen auch in anderen gesunden und malignen Gehirnzellen deletiert werden. Dies könnte die Relevanz dieser chromosomalen Veränderung aufzeigen.

6.2.2. Patientenprobe L124/99

Die Analyse des *TRA/D* Genortes der lymphoblastischen T-Zell-Leukämie L124/99 ergab auf dem einen Allel eine normale *TRAV30-TRAJ42* Umlagerung. Auf dem anderen Allel konnte die Translokation t(12;14)(q23q11) nachgewiesen werden (Abb.5.15) [82].

Hierbei wurden innerhalb des *TRA/D* Genortes 89,114bp zwischen dem Fragment *TRAJ61* (Position 21,925,057bp) und *TRDREC* (Position 22,014,171bp) deletiert. Im Chromosomenabschnitt 12q23 an der Position 102,35K wurde die Sequenz des open reading frames *C12orf42* zerrissen (Abb.6.4). Der telomer gelegene Bereich dieses Bruchpunktes wurde mit dem *TRDREC* Fragment des Chr.14q11 zusammengelagert. Der centromer des 12q23 Bruchpunktes gelegen Chromosomenabschnitt wurde mit dem *TRAJ61* Fragment des Chr.14q11 zusammengelagert [82].

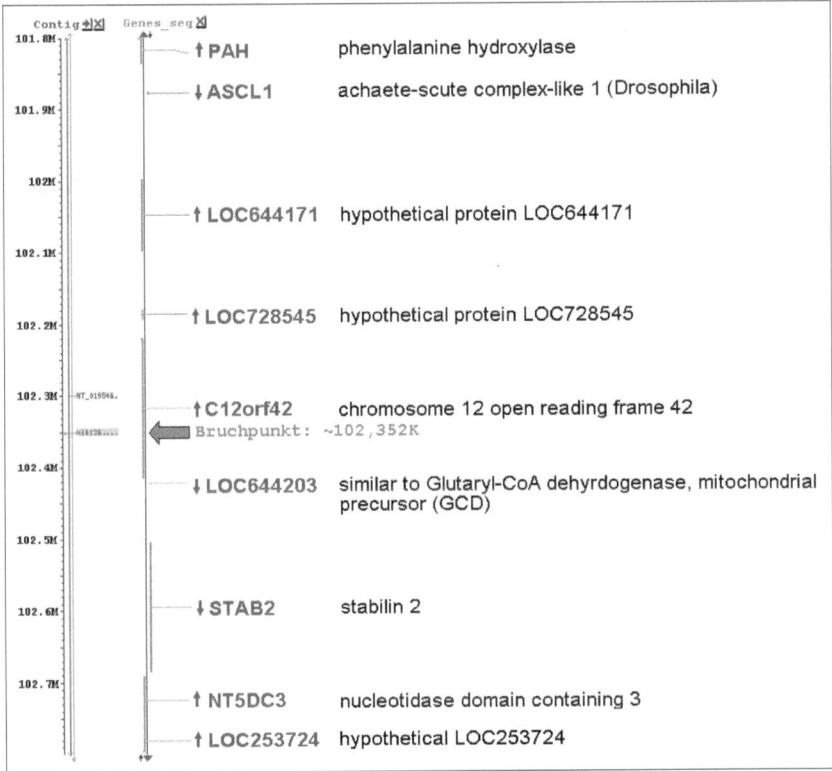

Abb. 6.4.: **Bruchpunkt der Translokation t(12;14)(q23;q11) auf Chromosom 12** Bei der Translokation wurde das open reading frame *C12orf42* zerstört und mit dem *TRAJ61* Fragment bzw. dem *TRDREC* Fragment zusammengelagert.

6. Diskussion

Aufgrund der bestätigten Bruchsequenz innerhalb des *TRA/D* Genortes lässt sich das Ereignis der Translokation auf die Deletion des *TRD* Elementes eingrenzen [25]. Diese Umlagerung ist entscheidend für die α/β bzw. γ/δ T-Zell Differenzierung [43]. Bei diesem Schritt der Rekombination werden die sogenannten „TRECs" (*T cell receptor excision circles*) gebildet [32]. Deren quantitative Messung kann Aufschluss über den Proliferationsstatus der T-Zellen geben [32].

Durch die Translokation t(12;14)(q23q11) wird auf Chromosom 12q23 die Sequenz des open reading frames *C12orf42* zerrissen [82]. Der innerhalb des *C12orf42* liegende Bruchpunkt befindet sich telomer des Gens *ASCL1* (*Achaete-scute complex homolog 1*). Dieses Gen codiert ein Mitglied der „BHLH" (*basic helix-loop-helix*) Transkriptionsfaktoren und spielt bei der Entwicklung normaler neuroendokriner Lungenzellen, sowie anderen endokrinen und neuronalen Geweben eine Rolle [45].

Durch die Translokation gerät die Sequenz des *ASCL1* Gens in die Nähe des *TRA* Enhancers, was zu einer veränderten Transkriptionsaktivität dieses Gens führen kann. Um weitere Aussagen über das Expressionsniveau des *ASCL1* machen zu können, sind Messungen des mRNA- und Proteinlevels notwendig. Diese Messungen konnten leider nicht bei der vorliegenden lymphoblastischen T-Zell-Leukämie vorgenommen werden, da nicht ausreichend Material vorhanden war.

Es bleibt daher zu prüfen, ob es sich bei der Translokation t(12;14)(q23q11) mit den bestätigten Bruchpunkten um ein häufiges Ereignis in lymphoblastischen T-Zell-Leukämien handelt. Des Weiteren muss geklärt werden, ob es sich bei dem *C12orf42* Gen wirklich um ein hypothetisches Gen handelt, das nicht an der Proteinbiosynthese teilnimmt.

6.2.3. Patientenprobe 867/05

Bei der T-ALL Probe 867/05 ließ die FT-CGH im T-Zell-Rezeptor α/δ Genort 14q11 vier Bruchpunkte in den Bereichen 21.635K, 21.976K, 21.989K und 22.093K erkennen (Abb.5.16). Es konnte mittels der LM-PCR ein normales Rearrangements innerhalb des *TRA/D* Genortes zwischen *TRDV1* (21.635K) und *TRDJ1* (21.989K) geklärt werden. Die Analyse der beiden übrigen Bruchpunkte zeigte die Inversion inv(14)(q11q32) mit involvierten *TRA/D* und *IGH* Genort [26].

Bei diesem genetischen Ereignis wurde das *TRDD2* Element (Position 21,977,838bp) mit dem *IGH* Genort (Position 105,948,661bp) zusammengelagert. Die Sequenzanalyse ergab eine Fusion zweier RSS-Sequenzen. Dies weist auf die Aktivität der V(D)J Rekombinase hin. Der zweite Bruchpunkt fand telomer des *TRA/D* Genortes bei der Nucleotidposition 22,092,692bp statt. Hierbei kam es zur Umlagerung mit dem *IGHV4-61* Fragment (Position 106,166,169bp). In diesem Teil der Zusammenlagerung konnte keine RSS nachgewiesen werden (Abb.6.5).

Anmerkung:

Bei den Daten dieses Abschnittes 6.2.3 handelt es sich um Reprint-Daten, welche kürzlich bei *European Journal of Haematology* erschienen sind [26].

6.2. Ergebnisse der FT-CGH und LM-PCR

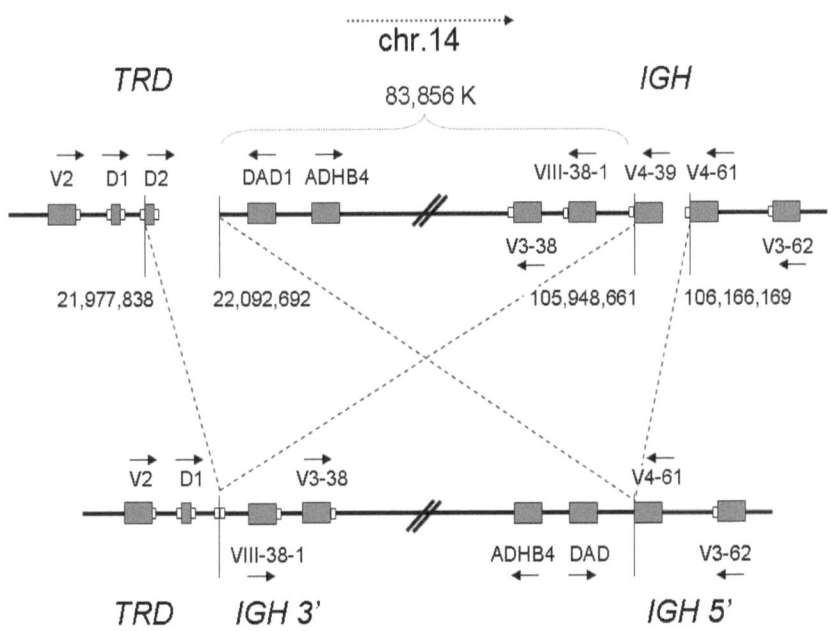

Abb. 6.5.: Inversion inv(14)(q11q32) der T-ALL Probe 867/05 zwischen der RSS-Sequenz des *TRD2* Fragmentes des *TRD* und der RSS-Sequenz des *V4-39* Fragmentes des *IGH* Genortes. Des Weiteren kam es zur Umlagerung zwischen der Position 22,092,692bp, wobei kein Gen betroffen wurde, und dem *V4-61* Fragment des *IGH* Genortes [26].

Die Inversion inv(14)(q11q32) wurde in vielen lymphatischen Leukämien nachgewiesen. Hierzu zählen T-Zell-Leukämie [47], T-Prolymphocytenleukämie (T-PLL) [33], [61], Chronisch Lymphatischen Leukämie vom T-Zelltyp (T-CLL) oder Ataxia teleangiectasia-Proben (AT) [19].

Auf der molekularen Ebene handelt es sich bei der Inversion jedoch um ein sehr heterogenes Ereignis, da im 14q32 Bereich mehrere Gene betroffen sein können: die Gene *TCL1A/ TCL1B* (*T-cell leukemia/lymphoma*) bei der T-PLL [23], das *BCL11B* (*B-cell CLL/lymphoma 11B*) Gen in der T-ALL [80] und die Gene des *IGH* Genortes in präB-ALL und T-ALL [47]. Diese molekulare Heterogenität weist auf die biologische Einzigartigkeit verschiedener Leukämien hin.

Obwohl diese genetische Veränderung keinen Aufschluss über neue Gene brachte, konnte mittels Sequenzierung die Beteiligung der Rekombinase bei einem Bruchpunkt nachgewiesen werden (Abb.5.19) [26]. Außergewöhnlich bei dem zweiten Bruchpunkt im 14q11 Bereich ist, dass der Bruch nicht innerhalb des *TRA/D* Genortes, sondern telomer dieses stattgefunden hat (Abb.5.21) [26].

6.2.4. Patientenprobe 274/05

Bei der Probe 274/05, mit der Diagnose einer T-PLL ähnlichen Leukämie, wiesen laut der Fluoreszenz *in situ* Hybridisierung ca. 80% der Zellen einen Bruch im *TRA/D* Genort auf. Die FISH-Analyse ergab jedoch keinen Aufschluss über die Art der genomischen Veränderung. Durch die FT-CGH konnten vier Bruchpunkte im *TRA/D* Genort ermittelt werden.

Die LM-PCR in den Bruchpunktbereichen zeigte auf einem Allel ein *TRA/D* Rearrangement zwischen *TRAV8-4* und *TRAJ4*. Auf dem anderen Allel wurde die Translokation t(14;14)(q11q32) nachgewiesen. Bei diesem Ereignis wurde der centromere Teil des *TRA/D* Genortes zum 14q32 Bereich telomer der *TCL* Gene verlagert (Abb.6.6). Der verbleibende Bruchpunkt (Position 22,047K) konnte durch die LM-PCR nicht geklärt werden.

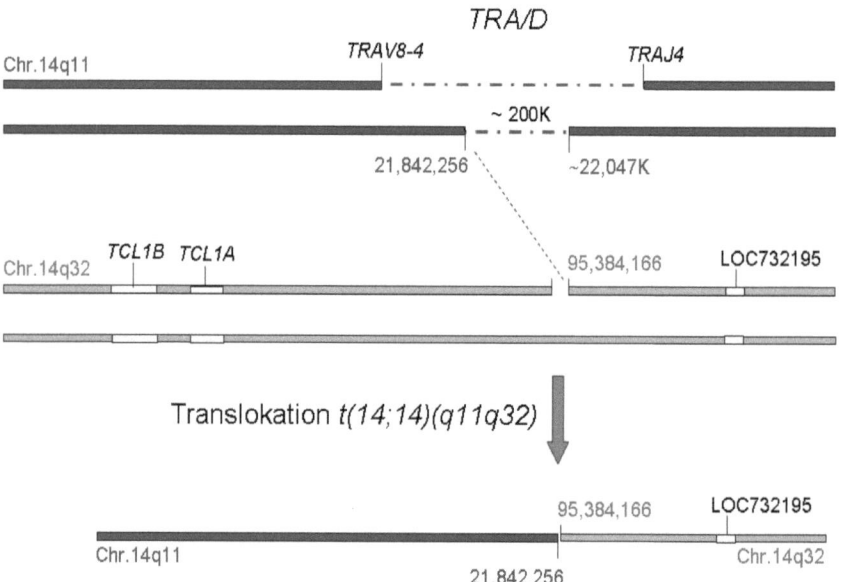

Abb. 6.6.: Bestätigte Translokation der T-PLL ähnlichen Leukämieprobe 274/05 konnte bisher nur einen Bruchpunkt der t(14;14)(q11q32) klären. Die durchgeführten LM-PCRs im Bereich des visuellen 22,047K Bruchpunktes zeigten keine atypischen Banden.

Die Abbildung 5.29 zeigt, dass durch den bestätigten Translokationsbruchpunkt im 14q32 Bereich kein Gen direkt betroffen ist. Der verbleibende Bruchpunkt im *TRA/D* Genort an der Position 22,047K konnte bisher mittels der LM-PCR nicht geklärt werden. Wahrscheinlich ist, dass der telomere Teil des 22,047K Bruchpunktes sich mit der centromer gelegenen Sequenz des bestätigten 14q32 Bruchpunktes zusammengelagert hat.

Hierdurch würde der Enhancer des T-Zell-Rezeptors α (E α) in die Nähe der T-Zell Leukämie Gene *TCL6*, *TCL1B* und *TCL1A* (*T-cell leukemia/lymphoma 6, 1B, 1A*) geraten. Der T-Zell-Rezeptors α Enhancer ist am 3'-Ende des *TRA/D* Genortes lokalisiert und wirkt über einen großen chromosomalen Bereich auf die T-Zell-Rezeptor α Umlagerungen [3].

Die Translokation t(14;14)(q11q32) ist ein häufiges Ereignis in T-Prolymphocytenleukämien und ist cytogenetisch gut charakterisiert [53], [61], [73]. Es konnte gezeigt werden, dass die Umlagerung der Enhancer *TRA/D* Region in die Nähe des *TCL1* Genortes zur Deregulierung der in dieser Region vorliegenden Onkogene führt [77].

Studien zeigen, dass die *TCL1* Gene das Wachstum und Überleben von peripheren T-Zellen, jedoch nicht von den Vorläuferzellen der Thymocyten, regulieren [39]. Des Weiteren konnte gezeigt werden, dass *TCL1A* mit den Onkogenen *AKT1* und *AKT2* interagiert [54], [53]. Des Weiteren wurde nachgewiesen, dass *TCL1A* mit den Onkogenen *AKT1* und *AKT2* interagiert [54], [53].

Um genauere Aussagen über die Translokation t(14;14)(q11q32) machen zu können, wäre die Klärung des verbleibenden Bruchpunktes erforderlich. Ferner müssten die Transkriptionsaktivitäten der in der Bruchpunktnähe lokalisierten Gene überprüft werden. Hierzu wären Messungen des mRNA- und Proteinlevels in weiteren T-PLL ähnlichen Leukämie notwendig.

6.2.5. Patientenprobe L551/01

Bei der Patientenprobe L551/01 wurde die Diagnose einer T-Prolymphocytenleukämie gestellt. In 89% der Zellen konnte mittels FISH ein Bruch innerhalb des *TRA/D* Genortes nachgewiesen werden. Die FT-CGH dieses Genortes zeigte drei Bruchpositionen. Die LM-PCR ergab eine Umlagerung des T-Zell-Rezeptor α zwischen den Fragmenten *TRAV13-1* und *TRAJ20*. Der verbleibende Bruchpunkt an der Position 22,047K konnte mittels der LM-PCR nicht geklärt werden.

Da es sich bei dieser Probe um eine T-PLL handelt, ist davon auszugehen, dass es hierbei zu einer der bekannten genomischen Veränderungen kam. Zum Einen kann es sich um die Inversion inv(14)(q11q34) oder Translokation t(14;14)(q11;q32) handeln [61], [73]. Zum anderen wäre die bekannte Translokation t(X;14)(q28;q11) denkbar, bei der es zur Verlagerung des *TRA/D* Genort in die Nähe des *MTCP1* (*mature T-cell proliferation 1*) Gens kommt [73]. Das *MTCP1* Protein gehört zur *TCL1* Familie und interagiert, wie auch *TCL1*, mit den *AKT* Onkogenen und wirkt auf den Stoffwechselweg der Proteinkinasen B (*AKT1*, *AKT2 und AKT3*) [24]. Studien zeigen, dass chromosomale Umlagerungen mit Überexpression der *MTCP1/TCL1* Onkoproteine im frühen Stadium der malignen Transformation stattfinden [57].

Um die chromosomalen Veränderungen dieser Patientenprobe klären zu können, wäre eine erneute FT-CGH Analyse des 14q32 bzw. des Xq28 Bereiches notwendig. Damit diese mittels der FT-CGH detektierbar wäre, müssten in diesen genomischen Abschnitten jedoch unbalancierte Umlagerungen vorliegen. Da die FT-CGH im *TRA/D* Genort jedoch nur auf einen sichtbaren

6. Diskussion

Bruchpunkt hinweist, ist davon auszugehen, dass der zweite Bruchpunkt außerhalb des Genortes liegt. Dies zeigt, dass mit einer komplexeren genetischen Veränderung als mit einem einfachen Bruch innerhalb des TRA/D Genortes zu rechnen ist.

Interessanterweise stimmt die Position des nicht geklärten visuellen 22,047K Bruchpunktes mit dem ebenfalls nicht geklärten Bruchpunkt der Patientenprobe 274/05 überein (Abb.6.8).

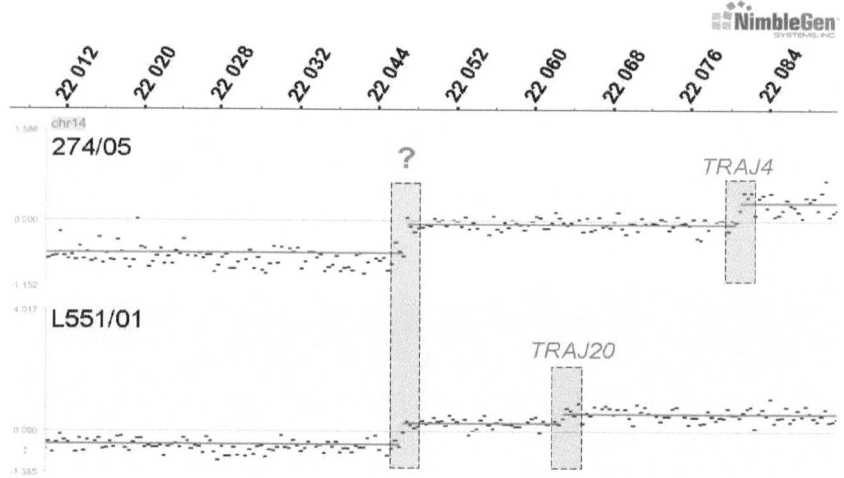

Abb. 6.7.: Ungeklärter Bruchpunkt der Patientenproben 274/05 und L551/01 an der Position 22,047K im TRA/D Genort. **Oben:** Bei der Probe 274/05 ergab die Analyse des 22,081K Bruchpunktes eine Zusammenlagerung von TRAV8-4 mit TRAJ4. **Unten:** Der Bruchpunkt an der Position 22,063K der Probe L551/01 ergab eine Umlagerung innerhalb des TRA/D Genortes zwischen TRAV13-1 und TRAJ20. Der 22,047K Bruchpunkt konnte bei beiden Proben bisher nicht geklärt werden.

Bei der Probe L551/01 handelt es sich um eine T-PLL, während bei der 274/05 die Diagnose einer T-PLL ähnlichen Leukämie gestellt wurde. Die Übereinstimmung der Diagnose und des Bruchpunktes beider Proben weist auf eine gemeinsame Fehlerquelle der V(D)J Rekombination hin. Falls es sich bei beiden Proben um die gleiche Bruchpunktsequenz handelt, könnte diese Aufschluss über die Entstehung der genomischen Veränderungen geben.

6.2.6. Patientenprobe 1365/04

Bei der Sézaryprobe 1365/04 wurde in 72% der Zellen ein Bruch des T-Zell-Rezeptor α/δ Genortes mittels FISH Analyse detektiert. Die FT-CGH Analyse des Genortes zeigte vier Bruchpunkte. Durch die LM-PCR konnte innerhalb des TRA/D Genortes eine Umlagerung zwischen TRAV16 und TRAJ33 auf einem Allel und zwischen TRAV9-2 und TRAJ24 auf dem anderen Allel nachgewiesen werden. Beide Umlagerungen wurden hinsichtlich einer existierenden mRNA geprüft.

6.2. Ergebnisse der FT-CGH und LM-PCR

Es wurde nachgewiesen, dass es lediglich zur Bildung der mRNA aus den Fragmenten *TRAV9-2*, *TRAJ24* und *TRAC* kam. Der Bruchpunkt des *TRAJ24* Fragmentes war in der FT-CGH Analyse als solcher nicht erkennbar (Abb.5.39).

Die LM-PCR im Bereich des 22,076K Bruchpunktes ergab eine Translokation t(14;14)(q11q32), wobei der telomere Teil des *TRA/D* Genortes zwischen das erste und zweite Exon des *PPP2R5C* Gen verlagert wurde (Abb.5.44). Eine Untersuchung auf cDNA-Ebene konnte eine Fusions-mRNA, bestehend aus dem ersten Exon des *PPP2R5C* und der konstanten Region des T-Zell-Rezeptor α (*TRAC*) Gens nachweisen (Abb.5.47). Eine weitere „blind" durchgeführte LM-PCR telomer des zuvor bestätigten *PPP2R5C*-Bruchpunktes zeigte eine Zusammenlagerung des restlichen telomeren Teil des *PPP2R5C* Gens mit dem im 22,546K Nucleotidbereich liegenden open reading frames *C14orf93* (Abb.5.46).

Durch die genomischen Umlagerungen der Sézaryprobe wurde die Sequenz des *PPP2R5C* Gens auf einem Allel zerrissen. Das Gen zählt zur Familie der regulatorischen B' Untereinheit der Phosphatase 2A (*phosphatase 2A regulatory subunit B family*, kurz: PP2A). Das Protein dieses Gens ist vorwiegend im Nukleus konzentriert [44]. Bei der Protein Phosphatase 2A handelt es sich um eine bedeutende Serin/Threonin Phosphatase. Diese hat eine zentrale Bedeutung bei Entwicklung, Wachstum und Transformation von Zellen [62]. Der PP2A Komplex besteht aus drei Untereinheiten: der strukturellen (A-Unit), der regulatorischen (B-Unit) und der katalytischen Untereinheit (C-Unit) [44].

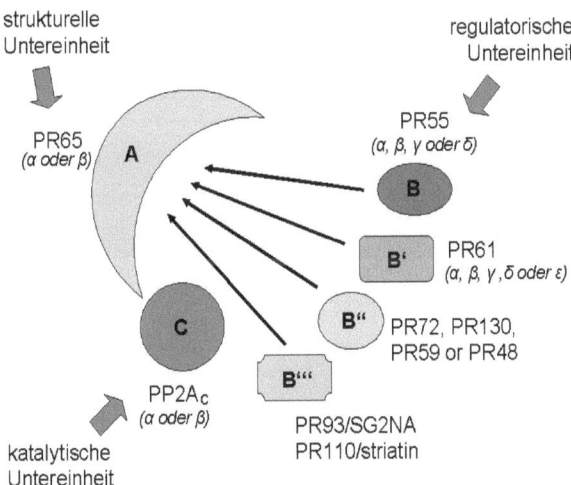

Abb. 6.8.: Struktur des PP2A Komplexes Bei Säugetieren werden die Untereinheiten A und C durch zwei Gene (α und β) kodiert. Die B/PR55 Untereinheit wird durch vier ähnliche Gene (α, β, γ und δ) kodiert; die B'/PR61 Familie durch fünf ähnliche Gene (α, β, γ, δ und ε). Die B" Familie enthält drei Gene, PR48, PR59 und die gesplicte Variante PR72 und PR130. *SG2NA* und *striatin* umfasst die Familie der B"' Untereinheit [44].

6. Diskussion

Die strukturelle Untereinheit A (PR65), wie auch die katalytische Untereinheit C (PP2A$_c$), wird durch zwei Gene (α, β) kodiert. Die regulatorische Untereinheit besteht aus den variablen Untereinheiten B/B'/B" und B"'. Diese sind strukturell nicht miteinander verwandt. Die B (PR55) Familie wird durch vier ähnliche Gene (α, β, γ und δ) und die B' (PR61) Familie durch fünf ähnliche Gene ($\alpha, \beta, \gamma, \delta$ und ϵ) kodiert. Die drei Gene PR48, PR59 und die gesplicte Form PR72 und PR130 zählen zur B"Familie. Die Familie der B"' Untereinheit umfasst PP93 (*SG2NA*) bzw. PR110 (*striatin*) [44].

Das *PPP2R5C* Gen wird durch die Untereinheit der B'/PR61 Familie kodiert und kann in vier verschiedenen Isoformen ($\gamma 1, \gamma 2, \gamma 3$ und $\gamma 4$) vorliegen [70], [76]. Alle Mitglieder der B' Familie besitzen eine hoch konservierte zentrale Region. Diese ist zu 80% identisch während sich der C und N-Terminus signifikant unterscheiden [44]. Dies lässt vermuten, dass die konservierte Region für die Interaktion mit der A bzw. C Untereinheit notwendig ist, während die Enden verschiedene Funktionen, wie z.B. die Regulation der Substratspezifität, ausführen [44]. Die regulatorische Untereinheit fördert die Bildung eines stabilen Komplexes zwischen PP2A und dessen Substrat [69]. Studien zeigen, dass die *PPP2R5C* Isoformen $\gamma 1$ und $\gamma 3$ die Thr55 Dephosphorylierung von p53 vermitteln und dass das Ausschalten des PR61 Proteins durch RNAi (*RNA interference*) zur Hemmung der p53 Expression und zur Apoptose führt [59]. Mausexperimente mit einer *truncated* $\gamma 1$-Isoform des *PPP2R5C* Gens, bei der 65 N-terminalen Aminosäuren fehlen, führen zu einer genetischen Instabilität und einer erhöhten Tumorentwicklung [41].

Bei der Sézaryprobe führte die Translokation zwischen dem *TRA/D* Genort und dem *PPP2R5C* Gen zur Bildung einer Fusions-mRNA. Dieses *PPP2R5C-TRAC* Fusionstranskript besteht aus dem ersten Exon des *PPP2R5C* und der konstanten Region des T-Zell-Rezeptor α (*TRAC*) Gens. Die Zusammenlagerung beider Fragmente fand *in frame* statt. Es bleibt zu prüfen, ob diese Fusions-mRNA zur Bildung eines Proteins führt und es durch die neue Proteinstruktur zu einer veränderten Funktion bzw. Proteinlokalisation kommt.

Des Weiteren ist die Expression des verbleibenden 3'-*PPP2R5C* Gens ungeklärt. Hierbei könnte eine weitere genetische Veränderung ebenfalls zur Bildung eines weiteren Fusionsgens oder zu einer „*truncated Form*" führen. Analysen hinsichtlich der qualitativen und quantitativen mRNA des 3'-*PPP2R5C* Gens erfordern bei der RNA-Isolierung zunächst einen DNA-Verdau, da die Sequenz der *PPP2R5C*-mRNA zu 96% als Pseudogen *PPP2R5CP* auf Chromosom 3p21.3 vorliegt [63].

Um genauere Aussagen über das *PPP2R5C* Gen und dessen Funktion machen zu können, ist eine Ausweitung der FT-CGH Analyse auf den *PPP2R5C* Genort erforderlich. Dadurch könnte das zweite Allel des genomischen Abschnittes 14q32 der Sézaryprobe 1365/04 Aufschluss über eine eventuelle genetische Umlagerung geben. Des Weiteren müsste die Analyse auf verschiedene Leukämiearten, sowie gesunden Patientenproben angewendet werden, um die Relevanz hinsichtlich der malignen Zellentartung zu klären.

6.2.7. KK1 Zelllinie

Bei der Zellen der KK1 handelt es sich eine Adulte T-Zell-Leukämie (ATL), die durch den Retrovirus HTLV-I verursacht wird [31], [102]. Die FT-CGH zeigte im TRA/D Genort ein starkes Rauschen der Signalintensitäten (Abb.5.50). Durch die LM-PCR konnte eine Umlagerung innerhalb des Genortes zwischen den Fragmenten $TRAV12$-1 und $TRAJ42$ geklärt werden (Abb.5.52).

Der analysierte 14q32 Chromosomenabschnitt im Bereich von 97-99M mittels der LM-PCR ergab eine Deletion zwischen den Nucleotidsequenzen 96,770,964bp und 98,724,084bp. Hierbei wurden die hypothetischen Gene $LOC730217$, $LOC100129345$, $LOC1001132612$, das open reading frame $C14orf177$ und das Pseudogen $RPL3P4$ (ribosomal protein L3 pseudogene 4) des betroffenen Allels deletiert. Ebenfalls kam es zur Deletion des ersten Exons des $BCL11B$ Gens, was zur Zerstörung der Genstruktur führte (Abb.5.56).

$BCL11B$ (B-cell CLL/lymphoma 11B), auch als $CTIP2$ bekannt, kodiert ein „C_2H_2 Krüppel-Zink-Finger Protein", das homolog zum $BCL11A$ Gen ist [85]. C_2H_2 Zink-Finger Proteine zählen zur größten Familie der Transkriptionsfaktoren in Eukaryoten [94] und spielen eine große Rolle bei der Entwicklung von Tieren und Pflanzen [15], [38]. Die Peptidsequenz beider Proteine ist zu 61% und ihrer Zink-Finger Domäne zu 95% identisch [2]. Bcl11a ist relevant bei der Entwicklung der B-Zellen, während Bcl11b bei den $\alpha\beta$ T-Zellen notwendig ist [28] (Abb.6.9).

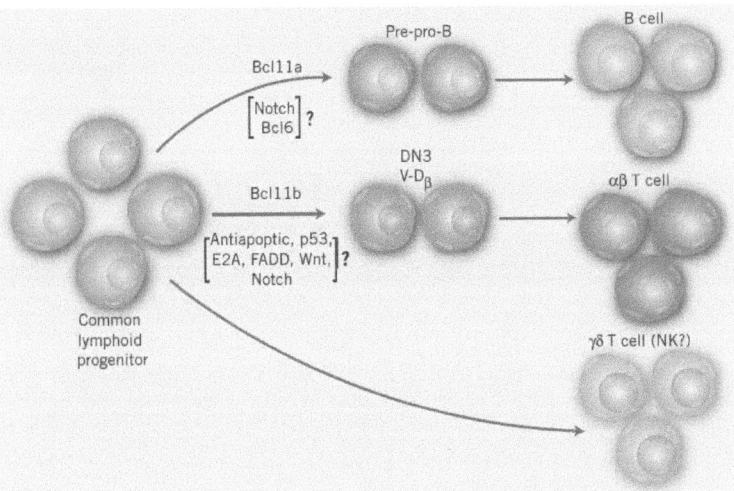

Abb. 6.9.: Bcl11a und Bcl11b in der lymphoiden Entwicklung Der Transkriptionsfaktor Bcl11a spielt eine Rolle bei der Entwicklung der pre-pro-B-Zellen und interagiert wahrscheinlich mit $BCL6$ oder Notch. Das homologe Bcl11b wird im ersten Stadium der $\alpha\beta$ T-Zellentwicklung benötigt und ist wahrscheinlich im p53, E2a, FADD, Wnt oder Notch Signalweg involviert. Weder Bcl11a oder Bcl11b werden bei der Bildung der $\gamma\delta$ Zellen benötigt. Natürliche Killerzellen (NK) Zellen wurden nicht untersucht [28].

6. Diskussion

Beide Proteine weisen eine erhöhte Expression im Gehirn und Immunsystem auf [2]. Sie spielen eine Rolle in entarteten Zellen des Immunsystems und agieren als Repressor von Reportergenen, indem sie an die gleiche Konsensus-Sequenz binden [2].

Es konnte gezeigt werden, dass *BLC11B* bei vielen genetischen Umlagerungen direkt oder indirekt betroffen ist. So ist die Translokation t(5;14)(q35;q32) ein häufiges Ereignis bei Kindern mit akuter lymphoblastischer Leukämie (T-ALL) [91]. Hierbei werden die Gene *TLX3* und *RANBP17* des 5q35 Genortes mit dem *BCL11B* Genort (14q32) umgelagert [91]. Des Weiteren wurde diese Translokation, einhergehend mit der Zusammenlagerung des *TLX3* Gens mit dem 3'-*BCL11B* Ende, in einer akuten lymphoblastischen Leukämiezelllinie (HBP-ALL), nachgewiesen [60].

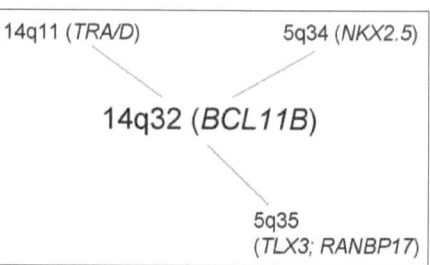

Abb. 6.10.: **Bruchpunktgene von *BCL11B*** Das *BCL11B* Gen wurde als Translokationspartner der Gene *NKX2.5*, *TLX3*, *RANBP17* und dem T-Zell-Rezeptor α/δ Genort nachgewiesen [4], [72], [80], [91].

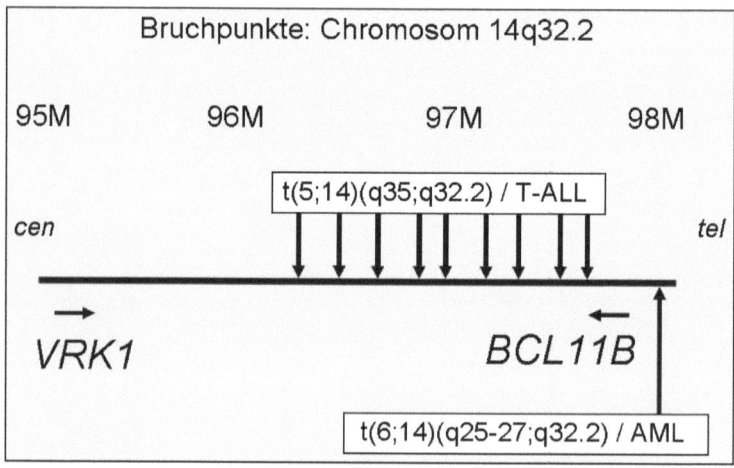

Abb. 6.11.: **Bruchpunkte im *BCL11B* Genort** die in verschiedenen Leukämien und Zelllinien nachgewiesen worden sind. Die Bruchpunkte liegen centromer des *BCL11B* Gens. Dieser große chromosomale Abschnitt enthält regulatorische *cis*-Elemente, die zur Expressionsveränderung der hierhin verlagerten Gene führen [4], [91].

In Leukämiezellen mit der Translokation t(5;14)(q35;q32) wurde eine erhöhte Expression des „Orphan Homeobox Gens" *TLX3/HOX11L2* nachgewiesen [91]. Hierbei wirken die downstream

6.2. Ergebnisse der FT-CGH und LM-PCR

des *BCL11B* Gens gelegene regulatorischen *cis*-Elemente als Enhancer der *TLX3*-Transkription [60], [91]. Das ebenfalls bei dieser Translokation nachgewiesene *RANBP17* (*RAN binding protein-17*) ist ein Mitglied der β-Einheit des Importinkomplexes und erleichtert den Proteintransport vom Cytoplasma in den Zellkern [50]. Eine erhöhte Expression dieses Gens durch den Einfluss eines Enhancers steht im Verdacht, das Zellwachstum zu aktivieren [37].

In zwei T-ALL Proben wurde ein *BCL11B-TRD* Fusionstranskript, entstanden durch die Inversion inv(14)(q11.2;q32.21), nachgewiesen [80]. Hierbei fand der Bruch innerhalb des *BCL11B* Gens zwischen dem 3. und 4. Exon statt, wobei der telomere Teil des Gens in den T-Zell-Rezeptor-Genort (14q11) verlagert wurde [80].

In den T-ALL Zelllinien CCRF-CEM und PEER wurde die Translokation t(5;14)(q35;q32.2) mit einer Beteiligung des *BCL11B* Genortes und dem Homeobox-Gen *NKX2.5* belegt [72]. Die Translokation bewirkt eine erhöhte Expression des *NKX2.5* Gens auf mRNA und Proteinebene [72]. *NKX2.5* reguliert die Expression essentieller Transkriptionsfaktoren in der Entwicklung des Herzens und wird bei der späteren Differenzierung der Herzmuskelzellen benötigt [92].

Studien legen nahe, dass *BCL11B* als Tumorsuppressorgen wirkt, wobei die genaue Funktion bisher ungeklärt ist [34]. Experimente zeigen, dass die Bcl11b Suppression durch RNAi selektiv zur induzierten Apoptose von transformierten T-Zellen führt, während normale T-Zellen unbeeinflusst bleiben [34]. Diese Erkenntnis eröffnet bei der Behandlung maligner T-Zellen neue therapeutische Ansätze.

Die Analyse des *BCL11B* Genortes in der KK1 Zelllinie ergab eine 1.95M große Deletion, die zur Zerstörung der *BCL11B* Sequenz führte. Dieses Ergebnis zeigt eine bisher noch nicht bekannte chromosomale Veränderung des Genortes und verstärkt die Vermutung der direkten bzw. indirekten *BCL11B* Involvierung in malignen Zellen. Um diesbezüglich weitere Aussagen machen zu können, ist eine Ausweitung der FT-CGH dieses chromosomalen Abschnittes bei verschiedenen Leukämiearten, sowie gesunden Spendern notwendig.

6.3. Die interaktive Benutzeroberfläche

Die zu untersuchenden Signalunterschiede jeder einzelnen Probe sollten schnell und effizient durch die interaktive Benutzeroberfläche ermittelt werden. Die von der Firma NimbleGen vorgegebene SignalMap Software zeigte bezüglich der schnellen An- und Abwahl der Proben einige Nachteile. So ist die Auswahl der Proben im Programm nur mit umständlichem Einladen der Daten möglich. Des Weiteren ist es hinderlich, dass die Probendaten nicht mit dem Namen der Proben bzw. als fortlaufende Nummer erkennbar sind, sondern durch den verwendeten Chip umständlich benannt worden sind (z.B. 1165622_400, 1165642_400). Ein Umbenennen des Datennamens ließ das SignalMap Programm nicht zu.

Ein weiterer Schwachpunkt des SignalMap Programms ist die Detektion von Signalunterschieden. So konnte bei der Probe 1365/04 der zu erwartenden Bruchpunkt zwischen 22.048M und 22.058M im *TRA/D* Genort nicht erkannt werden (Abb. 5.39). Die Anwendung der erstellten interaktiven Benutzeroberfläche zeigte bei dieser Probe einen großen Signalverlust zwischen 21.53M und 22.06M und einen kleinen Signalverlust im Bereich 21.48M (Abb.6.12).

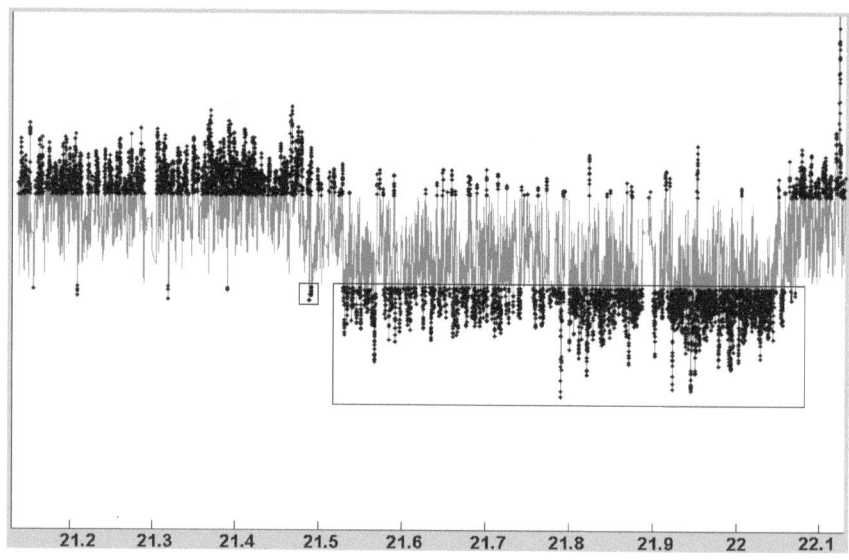

Abb. 6.12.: Darstellung des *TRA/D* Genorte der 1365/04 mittels interaktiver Benutzeroberfläche zeigt im Bereich zwischen 21.53M und 22.06M einen großen Signalverlust (durch großes Rechteck markiert). Des Weiteren lässt die Datendarstellung bei 21.48M einen kleinen Signalverlust erkennen (kleines Rechteck).

Eine Vergrößerung der Darstellung des chromosomalen Abschnittes im Bereich 21.96M und 22.08M zeigt zwischen 22.056M und 22.058M einen kleinen Signalverlust (Abb.6.13), was die SignalMap Software nicht erkennen ließ (Abb.5.39).

6.3. Die interaktive Benutzeroberfläche

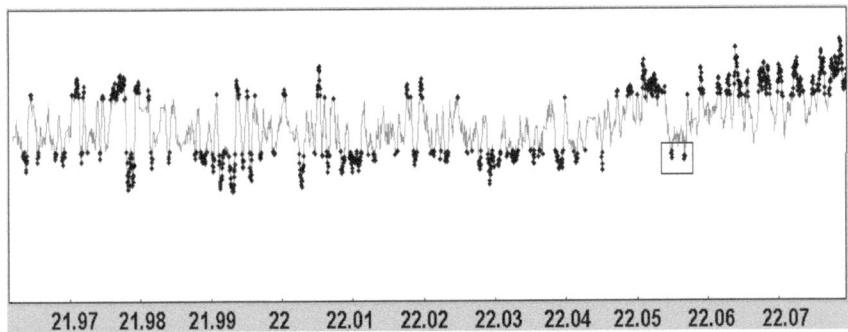

Abb. 6.13.: Darstellung der 1365/04 mittels interaktiver Benutzeroberfläche im Ausschnitt 21.96M bis 22.08M zeigt zwischen 22.056M und 22.059M einen kleinen Signalverlust (kleines Rechteck).

Ein weiterer Vorteil der Erstellung der interaktiven Benutzeroberfläche besteht darin, dass man die maximalen und minimalen Ausreißer in Form verschiedener Sigma Grenzen an- bzw. abwählen kann. Hierdurch erlangt man einen schnellen Überblick über eventuelle Signalverluste bzw. Gewinne und kann so im gleichen Genabschnitt Proben mit selben Merkmalen analysieren.

Eine weitere Verbesserung der Darstellung wäre möglich, indem man die Position des Bruchpunktes der ausgewählten Probe direkt angeben lässt. Hierdurch könnte das Vergrößern des genomischen Bereiches mit dem zu untersuchenden Signalverlust umgangen werden.

Die Datenanalyse durch die interaktive Benutzeroberfläche zeigt, dass die Signalunterschiede durch die Anwahl der Sigma-Grenze schnell detektierbar sind. Die An- bzw. Abwahl der Proben mit gleichen Merkmalen ermöglicht eine leicht detektierbare genomische Analyse. Dies zeigt, dass die vorgegebenen Daten des SignalMap Programms benutzerorientierter und bedienungsfreundlicher verwendet werden können. Außerdem erlaubt die Darstellung der Daten durch die interaktive Benutzeroberfläche die Detektion kleinster Signalunterschiede, welche im SignalMap Programm nicht erkennbar waren.

6.4. Ausblick

Die in diese Arbeit verwendete Kombination aus FT-CGH und LM-PCR führte zur Klärung unbalancierter chromosomaler Veränderungen. Eine erhöhte FT-CGH Auflösung durch die Auswahl der genomischen Bereiche ermöglichte die Analyse kleinster Deletionen bzw. genetischer Aberrationen. Die Ergebnisse dieser Arbeit zeigen, dass die Charakterisierung chromosomaler Imbalancen nicht nur in Zelllinien, sondern auch in Patientenproben mit einem geringen Anteil maligner Zellen möglich ist. Dies führte zu Klärung verschiedenster genomischer Aberrationen. Unter anderem konnte eine bisher noch nicht beschriebene Translokation t(14;14)(q11q32) nachgewiesen werden, bei der es zur Zerstörung der Gensequenz der Serin/Threonin-Phosphatase (*PPP2R5C*) und zur Bildung einer *PPP2R5C-TRAC* Fusions-mRNA kam

Weiterhin konnte gezeigt werden, dass die FT-CGH nicht in allen genomischen Bereichen angewendet werden kann. So ist die Analyse der Immunglobulingenorte (*IGK, IGL, IGH*) aufgrund der starken Signalschwankungen nicht möglich, da viele sich wiederholende Sequenzen die spezifische Signalmessung erschweren (Abb.5.23).

Ferner lässt der Umfang der FT-CGH keine Detektion balancierter genomischer Aberrationen zu, da das Verfahren auf der Detektion genetischen Materials beruht. Die Analyse einzelner Chromosomen würde es erlauben, balancierte Translokationen zwischen verschiedenen Chromosomen zu detektieren. Momentan ist es noch nicht möglich balancierte Translokationen innerhalb des Chromosoms mit der FT-CGH Methode zu erfassen.

Durch die FT-CGH können immer nur zuvor gewählte chromosomale Abschnitte in einem Größenbereich von ca. 20M-25M analysiert werden. Eine Vergrößerung dieses Bereiches wäre möglich, würde jedoch zu einer verschlechterten Detektion der Signalunterschiede führen. Somit ist die Festlegung der genomischen Analysebereiche vorher notwendig. Führen die Ergebnisse des analysierten FT-CGH Bereiches zu genomischen Aberrationen außerhalb des festgelegten Bereiches, ist eine erneute FT-CGH Analyse erforderlich.

Um umfangreiche Aussagen hinsichtlich bestimmter Leukämiearten machen zu können, wäre eine systematische Analyse einzelner Chromosomenabschnitte in einzelnen Leukämien unerlässlich. Die Information über die Häufigkeit bestimmter genomischer Veränderungen in einzelnen Leukämien und die hierbei betroffenen Gene, könnte zur Klärung der malignen Entstehung beitragen.

Anhang A.
Anhang

A.1. Geklärte genetische Veränderung dieser Arbeit

Probe/ Zelllinie	genetische Veränderung	betroffene Gene	Kapitel
DAOY	der(5)(q35.1)	*DOCK2, FOXI1, KRT18P41* *LOC133874, LCP2, LOC100128059* *KCNMB1, KCNIP1, LOC100129887*	5.1
L124/99	t(12;14)(q23;q11)	*C12orf42, TRA/D*	5.2
867/05	inv(14)(q11;q32)	*TRA/D, IGH*	5.3
274/05	t(14;14)(q11;q32)	*TRA/D, IGH*	5.4
L551/01	—	—	5.5
1365/04	t(14;14)(q11;q32)	*TRA/D, PPP2R5C, C14orf93*	5.6
KK1	der(14)(q32.2)	*LOC730217, LOC100129345* *LOC100132612, C14orf177* *RPL3P4, BCL11B*	5.7

Tab. A.1.: **Geklärte chromosomale Aberrationen** der vorliegenden Arbeit

A.2. Abkürzungsverzeichnis

A	Adenin
A.dest	Aqua dest (destilliertes Wasser)
ALL	Akute Lymphoblastische Leukämie
AM	Arithmetrisches Mittel
AS	Aminosäure
AT	Ataxia teleangiectasiaA
ATL	Adulte T)-Zell-Leukämie
β2MG	beta2 Mikroglobulin
bp	Basenpaar
C	Cytosin
CGH	engl.: comparative genomic hybridization (Komparative Genomhybridisierung)
Chr.	Chromosom
CML	Chronische Myeloische Leukämie
Cy3	Cyanine 3 (grüner Fluoreszenzfarbstoff)
Cy5	Cyanine 5 (roter Fluoreszenzfarbstoff)
del	engl.: deletion, Deletion
der	engl.: derivative, abgeleitetes Chromosom
DNA	engl.: desoxy ribonucleid-acid (Desoxy-Ribonukleinsäure)
dNTP´s	Nucleotid-Mix für den Einbau in die DNA
dup	Duplikation (chromosomale Aberration)
FISH	Fluoreszenz-in situ Hybridisierung
FT-CGH	engl.: fine tiling comparative genomic hybridization, hochauflösende komparative Genomhybridisierung
g	Beschleunigung
G	Guanin
GBP	Gelbeladungpuffer
GM	Geometrisches Mittel
h	engl.: hour (Stunde)
HTLV	Humanes T-Zell-lymphotropes Virus.
IGH	engl.: Immunoglobulin heavy chain (H) (Immunoglobulin der schweren Kette)
IGK	engl.: Immunoglobulin light chain subtyp (Immunoglobulin der leichten Kette Subtyp)
IGL	engl.: Immunoglobulin light chain (L) (Immunoglobulin der leichten Kette)
inv	engl.: inversion, Inversion
K/ Kb	Kilobase
kDa	Kilodalton
LM-PCR	engl.: Ligation mediated-PCR
M/ Mb	Megabase
mar	Marker, zusätzliches nicht identifizierbares Chromosom

A.2. Abkürzungsverzeichnis

min	Minute
MW	Mittelwert
NK	natürliche Killerzellen
NCBI	National Center for Biotchnology Information (Datenbank)
NP	Normalperson
PCR	engl.: Polymerase-Chain-Reaction (Polymerasekettenreaktion)
PH	Phosphat
preB-ALL	pre b acute lymphoblastic leukemia (prä-B-Zell Akute Lymphatische Leukämie)
RNA	ribonucleicacid (Ribonukleinsäure)
RNAi	RNA interference
RSS	Recombination Signal Sequence
RT	Raumtemperatur
s	Sekunde
T	Thymidin
T-ALL	Akute Lymphoblastische Leukämie der T-Zellen
T-CLL	T-cell chronic lymphocytic leukemia (Chronisch Lymphatischen Leukämie vom T-Zelltyp)
T-LB	Lymphoblastische T-Zell-Leukämie
T-PLL	T-Cell Prolymphocytic Leukemia (T-Prolymphocytenleukämie)
TRAC	T-Zell-Rezeptor alpha konstante Region
TRA/D	T-Zell-Rezeptor alpha/ delta
TRB	T-Zell-Rezeptor beta
TRD	T-Zell-Rezeptor delta
TRG	T-Zell-Rezeptor gamma
UCSC	University of California Santa Cruz - Genome Browser Database
UE	Unter einheit
ÜN	über Nacht
U	Uracil
UV	Ultraviolett

Anhang A. Anhang

Literaturverzeichnis

[1] An W.F. et al.: *Modulation of A-type potassium channels by a family of calcium sensors*, Nature **403(6769)** (2000): 553-6, PMID: 10676964

[2] Avram D. et al.: *COUP-TF (chicken ovalbumin upstream promoter transcription factor)-interacting protein 1 (CTIP1) is a sequence-specific DNA binding protein*, Journal of Biochemistry **368(Pt 2)** (2002): 555-63, PMID: 12196208

[3] Bassing C.H. et al.: *T cell receptor (TCR) alpha/delta locus enhancer identity and position are critical for the assembly of TCR delta and alpha variable region genes*, PNAS **100(5)** (2003): 2598-603, PMID: 12604775

[4] Bernard O.A. et al.: *A new recurrent and specific cryptic translocation, t(5;14)(q35;q32), is associated with expression of the Hox11L2 gene in T acute lymphoblastic leukemia*, Leukemia **15(10)** (2001): 1495-504, PMID: 11587205

[5] Beucher O.: *Wahrscheinlichkeitsrechnung und Statistik mit Matlab*, 1.Aufl., Berlin, Heidelberg: Springer Verlag, 2005, ISBN: 3-540-23416-0

[6] Biegel J.A. et al.: *Cytogenetics and molecular genetics of childhood brain tumors*, Neuro-Oncology **1(2)** (1999): 139-51, PMID: 11550309

[7] Bortz J.: *Statistik - für Sozialwissenschaftler*, 4.Aufl., Berlin, Heidelberg, New York: Springer Verlag, 1993, ISBN: 3-540-56200-1

[8] Brown T.A.: *Genome und Gene*, 3.Aufl., Berlin, Heidelberg: Springer Verlag, 2007, ISBN: 978-3-8274-1843-2

[9] Brunelli M.: *Fluorescent cytogenetics of renal cell neoplasms*, Pathologica **100(6)** (2008): 454-60, PMID: 19475886

[10] Burger R. et al.: *Human herpesvirus type 8 interleukin-6 homologue is functionally active on human myeloma cells*, Blood **92(6)** (1998): 1858-63, PMID: 9490667

[11] Burmeister T. et al.: *Molecular genetics in acute and chronic leukemias*, Journal of Cancer Research and Clinical Oncology **127(2)** (2001): 80-90, PMID: 11216918

[12] Burmeister T. & Thiel E.: *Der Onkologe - Molekulargenetik bei Leukämien*, Vol.8(7), Heidelberg, Berlin: Springer Verlag, 2002, ISSN: 0947-8965

[13] Cauwelier B. et al.: *Molecular cytogenetic study of 126 unselected T-ALL cases reveals high incidence of TCRbeta locus rearrangements and putative new T-cell oncogenes*, Leukemia **20(7)** (2006): 1238-44, PMID: 16673021

[14] Ceppi F. et al.: *Cytogenetic characterization of childhood acute lymphoblastic leukemia in Nicaragua*, Pediatric Blood and Cancer (2009) PMID: 19672974

[15] Chrispeels H.E. et al.: *AtZFP1, encoding Arabidopsis thaliana C2H2 zinc-finger protein 1, is expressed downstream of photomorphogenic activation*, Plant Molecular Biology **42(2)** (2000) 279-90, PMID: 10794528

[16] Clements J.L. et al.: *Requirement for the leukocyte-specific adapter protein SLP-76 for normal T cell development*, Science **281(5375)** (1998) 416-9, PMID: 9665885

[17] Clements J.L. et al.: *Fetal hemorrhage and platelet dysfunction in SLP-76-deficient mice*, Journal of Clinical Investigation **103(1)**(1999): 19-25, PMID: 9884330

[18] Cohen N. et al.: *Karyotypic evolution pathways in medulloblastoma/primitive neuroectodermal tumor determined with a combination of spectral karyotyping, G-banding, and fluorescence in situ hybridization*, Cancer Genetics and Cytogenetics **149(1)** (2004): 44-52, PMID: 15104282

[19] Davey M.P. et al.: *Juxtaposition of the T-cell receptor alpha-chain locus (14q11) and a region (14q32) of potential importance in leukemogenesis by a 14;14 translocation in a patient with T-cell chronic lymphocytic leukemia and ataxia-telangiectasia*, PNAS **85(23)** (1988): 9287-91, PMID: 3194425

[20] Deininger M. et al.: *The development of imatinib as a therapeutic agent for chronic myeloid leukemia*, Blood **105(7)** (2005): 2640-53, PMID: 15618470

[21] de Klein A. et al.: *Oncogene activation by chromosomal rearrangement in chronic myelocytic leukemia*, Mutat Res **186(2)** (1987): 161-72, PMID: 3306360

[22] Drexler H.G. et al.: *Leukemia cell lines: in vitro models for the study of Philadelphia chromosome-positive leukemia*, Leukemia Research **23(3)** (1999): 207-153, PMID: 10071072

[23] de Schouwer P.J.J.C. et al.: *T-cell prolymphocytic leukaemia: antigen receptor gene rearrangement and a novel mode of MTCP1 B1 activation*, British Journal of Haematology **110(4)** (2000): 831-8, PMID: 11054065

[24] Despouy G. et al.: *The TCL1 oncoprotein inhibits activation-induced cell death by impairing PKCtheta and ERK pathways*, Blood **110(13)** (2007): 4406-16, PMID: 17846228

[25] de Villartay J.P. et al.: *Deletion of the human T-cell receptor delta-gene by a site-specific recombination*, Nature **335(6186)** (1988): 170-4, PMID: 2842691

Literaturverzeichnis

[26] Dittmann K. et al.: *Fast approach for clarification of chromosomal aberrations by using LM-PCR and FT-CGH in leukemic sample*, Acta Haematologica **127(1)** (2012): 16-9, PMID: 21986343

[27] Doenecke D.: *Biochemie und Pahtobiochemie* 15.Aufl., Stuttgart, New York: Georg Thieme Verlag, 2005, ISBN: 3-13-357815-4

[28] Durum S.K. et al.: *Bcl11: sibling rivalry in lymphoid development*, Nature **4(6)** (2003): 4406-16, PMID: 12774073

[29] Faller A.: *Der Körper des Menschen*, 14.Aufl., Stuttgart, New York: Georg Thieme Verlag, 2004, ISBN: 3-13-329714-7

[30] Felipe A. et al.: *Potassium channels: new targets in cancer therapy*, Cancer Detection and Prevention **30(4)** (2006): 375-85, PMID: 16971052

[31] Blayney D.W. et al.: *The human T-cell leukemia/lymphoma virus associated with American adult T-cell leukemia/lymphoma*, Blood **62(2)** (1983): 401-5, PMID: 6223675

[32] Geenen V. et al.: *Quantification of T cell receptor rearrangement excision circles to estimate thymic function: an important new tool for endocrine-immune physiology*, Journal of Endocrinology **176(3)** (2003): 305-11, PMID: 12630915

[33] Gesk S. et al.: *Molecular cytogenetic detection of chromosomal breakpoints in T-cell receptor gene loci*, Leukemia **17(4)** (2003): 738-745, PMID: 12682631

[34] Grabarczyk P. et al.: *Inhibition of BCL11B expression leads to apoptosis of malignant but not normal mature T cells*, Oncogene **26(26)** (2007): 3797-810, PMID: 17173069

[35] Groffen J. et al.: *Philadelphia chromosomal breakpoints are clustered within a limited region, bcr, on chromosome 22*, Cell **36(1)** (1984): 93-9, PMID: 6319012

[36] Groffen J. et al.: *The BCR/ABL hybrid gene*, Baillière's Clinical Haematology **1(4)** (1987): 983-99, PMID: 3332859

[37] Hansen-Hagge T.E. et al.: *Disruption of the RanBP17/Hox11L2 region by recombination with the TCRdelta locus in acute lymphoblastic leukemias with t(5;14)(q34;q11)*, Leukemia **16(11)** (2002): 2205-12, PMID: 12399963

[38] Hollemann T. et al.: *Zinc finger proteins in early Xenopus development*, The International Journal of Developmental Biology **40(1)** (1996): 291-5, PMID: 8735940

[39] Hoyer K.K. et al.: *T cell leukemia-1 modulates TCR signal strength and IFN-gamma levels through phosphatidylinositol 3-kinase and protein kinase C pathway activation*, The Journal of Immunology **175(2)** (2005): 864-73, PMID: 12682631

[40] Hultén M.A. et al.: *On the origin of trisomy 21 Down syndrome*, Molecular Cytogenetics **1(1)** (2008): 21, PMID: 18801168

[41] Ito A. et al.: *A truncated isoform of the protein phosphatase 2A B56gamma regulatory subunit may promote genetic instability and cause tumor progression*, American Journal of Pathology **162(1)** (2003): 81-91, PMID: 12507892

[42] Jackmann J.K. et al.: *Molecular cloning of SLP-76, a 76-kDa tyrosine phosphoprotein associated with Grb2 in T cells*, Journal of biological chemistry **270(13)** (1995): 7029-32, PMID: 7706237

[43] Janeway C.A., Travers P., Walport M., Shlomchik M.: *Immunologie*, 5.Aufl., Heidelberg, Berlin: Spektrum Akademischer Verlag, 2002, ISBN: 3-8274-1079-7

[44] Janssens V et al.: *Protein phosphatase 2A: a highly regulated family of serine/threonine phosphatases implicated in cell growth and signalling*, The Biochemical Journal **353(Pt 3)** (2001) 417-39, PMID: 11171037

[45] Jiang T.: *Achaete-scute complex homologue 1 regulates tumor-initiating capacity in human small cell lung cancer*, Cancer Research **69(3)** (2009): 845-54, PMID: 19176379

[46] Kallioniemi O.P.: *omparative genomic hybridization: a rapid new method for detecting and mapping DNA amplification in tumors*, Seminars in Cancer Biology **4(1)** (1993): 41-6, PMID: 8448377

[47] Kamada N. et al.: *Chromosome abnormalities in adult T-cell leukemia/lymphoma: a karyotype review committee report*, Cancer Research **52(6)** (1992): 1481-93, PMID: 1540956

[48] Katoh M. et al.: *Human FOX gene family (Review)*, International Journal of Oncology **25(5)** (2004): 1495-1500, PMID: 15492844

[49] Knippers R.: *Molekulare Genetik* 8.Aufl., Stuttgart, New York: Georg Thieme Verlag, 2001, ISBN: 3-13-477008-3

[50] Köhler M. et al.: *Nuclear protein transport pathways*, Experimental Nephrology **7(4)** (1999): 290-4, PMID: 15492844

[51] Kohn W.: *Statistik - Datenanalyse und Wahrscheinlichkeitsrechung* 1.Aufl., Berlin, Heidelberg: Springer Verlag, 2005, ISBN: 3-540-21677-4

[52] Kurzrock R. et al.: *Philadelphia chromosome-positive leukemias: from basic mechanisms to molecular therapeutics*, Annals of Internal Medicine **138(10)** (2003): 819-30, PMID: 12755554

[53] Laine J. et al.: *The protooncogene TCL1 is an Akt kinase coactivator*, Molecular Cell **6(2)** (2000): 395-407, PMID: 10983986

[54] Laine J. et al.: *Differential regulation of Akt kinase isoforms by the members of the TCL1 oncogene family*, The Journal of Biological Chemistry **277(5)** (2002): 3743-51, PMID: 11707444

[55] Lampert F. et al.: *T-cell acute childhood lymphoblastic leukemia with chromosome 14 q 11 anomaly: a morphologic, immunologic, and cytogenetic analysis of 10 patients*, Blut **56(3)** (1988): 117-23, PMID: 3258538

[56] Lehmann G.: *Statistik eine Einführung*, 1.Aufl., Heidelberg, Berlin: Spektrum Akademischer Verlag, 2002, ISBN: 3-8274-1300-1

[57] Le Toriellec E. et al.: *Haploinsufficiency of CDKN1B contributes to leukemogenesis in T-cell prolymphocytic leukemia*, Blood **111(4)** (2008): 2321-8, PMID: 18073348

[58] Lewin B.: *Gene: Lehrbuch der molekularen Genetik*, VCH Verlagsgesellschaft mbH 1988, ISBN: 3-527-26745-X

[59] Li H.H. et al.: *A specific PP2A regulatory subunit, B56γ, mediates DNA damage-induced dephosphorylation of p53 at Thr55*, EMBO **26(2)** (2007): 402-11, PMID: 17245430

[60] MacLeod R. et al.: *Activation of HOX11L2 by juxtaposition with 3'-BCL11B in an acute lymphoblastic leukemia cell line (HPB-ALL) with t(5;14)(q35;q32.2)*, Genes, Chromosomes and Cancer **37(1)** (2003): 84-91, PMID: 12661009

[61] Maljaei S.H. et al.: *Abnormalities of chromosomes 8, 11, 14, and X in T-prolymphocytic leukemia studied by fluorescence in situ hybridization*, Cancer Genetics and Cytogenetics **103(2)** (1998): 110-6, PMID: 9614908

[62] Martens E. et al.: *A Genomic organisation, chromosomal localisation tissue distribution and developmental regulation of the PR61/B' regulatory subunits of protein phosphatase 2A in mice*, Journal of Molecular Biology **336(4)** (2004): 971-86, PMID: 15095873

[63] McCright B. et al.: *Assignment of human protein phosphatase 2A regulatory subunit genes b56α, b56β, b56γ, b56δ, and b56ε (PPP2R5A-PPP2R5E), highly expressed in muscle and brain, to chromosome regions 1q41, 11q12, 3p21, 6p21.1, and 7p11.2 -> p12*, Genomics **36(1)** (1996): 168-70, PMID: 8812429

[64] Miller C. et al.: *An overview of the potassium channel family*, Genome Biology **1(4)** (2000): REVIEWS0004, PMID: 11178249

[65] Mitelman F. et al.: *The impact of translocation and gene fusion on cancer causation*, Nature Review - Cancer **7(4)** (2007): 233-245, PMID: 17361217

[66] Moczydlowski E. et al.: *Chemical basis for alkali cation selectivity in potassium-channel proteins*, Chemistry and Biology **5(11)** (1998): R291-301, PMID: 9831525

[67] Moelans C.B. et al.: *Absence of chromosome 17 polysomy in breast cancer: analysis by CEP17 chromogenic in situ hybridization and multiplex ligation-dependent probe amplification*, Breast Cancer Research and Treatment (2009): 1573-7217 (Online), PMID: 19760503

[68] Mühlmann M.: *Molecular cytogenetics in metaphase and interphase cells for cancer and genetic research, diagnosis and prognosis*, Genetics and Molecular Research **1(2)** (2002): 117-27, PMID: 14963837

[69] Mumby M.: *PP2A: unveiling a reluctant tumor suppressor*, Genomics **130(1)** (2007): 21-4, PMID: 17632053

[70] Muneer S. et al.: *Genomic organization and mapping of the gene encoding the PP2A B56gamma regulatory subunit*, Genomics **79(3)** (2002): 344-8, PMID: 11863364

[71] Murken J., Grimm T., Holinski-Feder E.: *Taschenlehrbuch Humangenetik*, 7.Aufl., Stuttgart, New York: Georg Thieme Verlag, 2006, ISBN: 3-13-139297-05

[72] Nagel S. et al.: *The cardiac homeobox gene NKX2-5 is deregulated by juxtaposition with BCL11B in pediatric T-ALL cell lines via a novel t(5;14)(q35.1;q32.2)*, Cancer Research **63(17)** (2003): 5329-34, PMID: 14500364

[73] Nowak D. et al.: *Molecular allelokaryotyping of T-cell prolymphocytic leukemia cells with high density single nucleotide polymorphism arrays identifies novel common genomic lesions and acquired uniparental disomy*, Haematologica **94(4)** (2009): 518-27, PMID: 19278963

[74] Nowell P.C. & Hungerford D.A.: *A minute chromosome in human chronic granulocytic leukemia*, Science **142** (1960): 1497

[75] Orio P. et al.: *Structural determinants for functional coupling between the beta and alpha subunits in the Ca^{2+}-activated K^+ (BK) channel*, Journal of General Physiology **127(2)** (2006): 191-204, PMID: 16446507

[76] Ortega-Lázaro J.C. et al.: *Expression of the B56delta subunit of protein phosphatase 2A and Mea1 in mouse spermatogenesis. Identification of a new B56gamma subunit (B56gamma4) specifically expressed in testis*, Cytogenetics and Genome Research **103(3-4)** (2003): 345-51, PMID: 15051958

[77] Pekarsky Y. et al.: *Molecular basis of mature T-cell leukemia*, Journal of the American Medical Association **286(18)** (2001): 2308-14, PMID: 11710897

Literaturverzeichnis

[78] Pivniouk V. et al.: *Impaired viability and profound block in thymocyte development in mice lacking the adaptor protein SLP-76*, Cell **94(2)** (1998): 229-38, PMID: 9695951

[79] Pruunsild P. et al.: *Structure, alternative splicing, and expression of the human and mouse KCNIP gene family*, Genomics **86(5)** (2005): 581-93, PMID: 16112838

[80] Przybylski G.K. et al.: *Disruption of the BCL11B gene through inv(14)(q11.2q32.31) results in the expression of BCL11B-TRDC fusion transcripts and is associated with the absence of wild-type BCL11B transcripts in T-ALL*, Leukemia **19(2)** (2005): 201–208, PMID: 15668700

[81] Przybylski G.K. et al.: *The effect of a novel recombination between the homeobox gene NKX2-5 and the TRD locus in T-cell acute lymphoblastic leukemia on activation of the NKX2-5 gene*, Haematologica **91(3)** (2006): 317-21, PMID: 16531254

[82] Przybylski G.K. et al.: *Molecular characterization of a novel chromosomal translocation t(12;14)(q23;q11.2) in T-lymphoblastic lymphoma between the T cell receptor delta deleting elements (TRDREC and TRAJ61) and the hypothetical gene C12orf42*, European Journal of Haematology **85(5)** (2010): 452-6, PMID: 20659153

[83] Quintero-Rivera F. et al.: *Frequency of 5'IGH deletions in B-cell chronic lymphocytic leukemia*, Cancer Genetics and Cytogenetics **190(1)** (2009): 33-9, PMID: 19264231

[84] Sachs L.: *Angewandte Statistik*, 8.Aufl., Berlin, Heidelberg, New York: Springer Verlag, 1996, ISBN: 3-540-60494-4

[85] Satterwhite E. et al.: *The BCL11 gene family: involvement of BCL11A in lymphoid malignancies*, Blood **98(12)** (2001): 3413-3420, PMID: 11719382

[86] Schulz W.A.: *Molecular Biology of Human Cancers: An Advanced Student's Textbook*, 1.Aufl., Netherlands: Springer Verlag, 2005, ISBN 978-1402031854

[87] Shtivelman E. et al.: *bcr-abl RNA in patients with chronic myelogenous leukemia*, Blood **69(3)** (1987): 971-3, PMID: 3101769

[88] Singer A.L. et al.: *Roles of the proline-rich domain in SLP-76 subcellular localization and T cell function*, Journal of biological chemistry **279(15)** (2004): 15481-90, PMID: 14722089

[89] Stahel W.: *Statistische Datenanalyse - Eine Einführung für Naturwissenschafler*, 1.Aufl., Braunschweig, Wiesbaden: Vieweg Verlag, 1995, ISBN 3-528-06653-9

[90] Strachan T. & Read A.P.: *Molekulare Humangenetik*, 3.Aufl., München: Spektrum Akademischer Verlag, 2005, ISBN 3-8274-1493-8

[91] Su X.Y.: *HOX11L2/TLX3 is transcriptionally activated through T-cell regulatory elements downstream of BCL11B as a result of the t(5;14)(q35;q32)*, Blood **108(13)** (2006): 4198-201, PMID: 16926283

[92] Tanaka M.: *The cardiac homeobox gene Csx/Nkx2.5 lies genetically upstream of multiple genes essential for heart development*, Development **126(6)** (1999): 1269-80, PMID: 10021345

[93] Tönnies H.: *omparative genomic hybridization based strategy for the analysis of different chromosome imbalances detected in conventional cytogenetic diagnostics*, Cytogenetics and Cell Genetics **93(3-4)** (2001): 188-94, PMID: 11528111

[94] Tupler R.: *Expressing the human genome*, Nature **409(6822)** (2001): 832-3, PMID: 11237001

[95] van Denderen J. et al.: *Immunologic characterization of the tumor-specific bcr-abl junction in Philadelphia chromosome-positive acute lymphoblastic leukemia*, Blood **76(1)** (1990): 136-41, PMID: 2194587

[96] Vidarsson H. et al.: *The forkhead transcription factor Foxi1 is a master regulator of vacuolar H-ATPase proton pump subunits in the inner ear, kidney and epididymis*, PLoS ONE **4(2)** (2009): e4471, PMID: 19214327

[97] Weigel D. et al.: *The homeotic gene fork head encodes a nuclear protein and is expressed in the terminal regions of the Drosophila embryo*, Cell **57(4)** (1989): 645-658, PMID: 2566386

[98] Weigel D. et al.: *The fork head domain: a novel DNA binding motif of eukaryotic transcription factors*, Cell **63(3)** (1990): 455-6, PMID: 2225060

[99] Weiss M.M. et al.: *Comparative genomic hybridisation*, Journal Clinic Pathologic Molecular Pathologic **52(2)** (1999) 243-251, PMID: 10748872

[100] Wirtz M., Nachtigall C.: *Deskriptive Statistik*, 5.Aufl., Weihnheim, München: Juventa Verlag, 2008, ISBN 978-3-7799-1051-0

[101] Yablonski D. et al.: *Uncoupling of nonreceptor tyrosine kinases from PLC-gamma1 in an SLP-76-deficient T cell* , Science **281(5375)** (1998) 413-6, PMID: 10748872

[102] Yamada Y. et al.: *IL-2-dependent ATL cell lines with phenotypes differing from the original leukemia cells*, Leukemia Research **15(7)** (1991) 619-25, PMID: 1861543

Tabellenverzeichnis

1.1. Bekannte Translokationen in Leukämien und Lymphomen 7

2.1. Geräte 11
2.2. Verbrauchsmaterialien 12
2.3. Arbeitskits 12
2.4. Chemikalien 13
2.5. Puffer und Lösungen 13
2.6. Restriktionsenzyme 14
2.7. Bestandteile der PCR und RTSQ-PCR 14
2.8. DNA-Größenstandards 14
2.9. Zelllinien 15
2.10. Leukämieproben 16
2.11. Verwendete Primer auf gDNA Ebene 17
2.12. Verwendete Primer auf cDNA Ebene 18
2.13. Sequenzen der Adaptorprimer und des GenomeWalker Adaptors 18
2.14. Internetseiten von Firmen, Internetdatenbanken, Software 19

3.1. Ansatz bzw. Programm der Reversen Transkriptase 22
3.2. PCR-Ansatz 25
3.3. Standard PCR Programm 25
3.4. RTSQ-PCR-Ansatz 26
3.5. PCR-Programm für die RTSQ-PCR 27
3.6. Ansatz für den Verdau von genomischer DNA 28
3.7. Ansatz und Programm für die Herstellung des Adaptors 30
3.8. Ansatz und Programm für die Ligation des GW-Adaptors 31
3.9. PCR-Ansatz für die LM-PCR 33
3.10. PCR-Programm für die erste LM-PCR 34
3.11. PCR-Programm für nested LM-PCR 34

4.1. Probenübersicht der dritten und vierten FT-CGH Analyse 38
4.2. Untersuchte genomische Bereiche der FT-CGH Analysen 39
4.3. Durchgeführte Einfaktoriellen Varianzanalyse 44
4.4. Normalverteilte Daten der Genbereiche der vierten Analyse 55
4.5. Drei-Sigma-Regel auf die lokalen Summen angewendet im TRA/D Genort 56

Tabellenverzeichnis

4.6. Sigma-Regel auf die lokalen Summen des *TRA/D* Genortes angewendet 58
4.7. Angewendete Sigma-Regel auf die Gesamtheit der lokalen Summen der Proben 1-7 der dritten Analyse 61
4.8. Sigma-Regel auf die gesamten lokalen Summen angewendet: Ausreißer des *TRA/D* Genortes 62

A.1. Geklärte chromosomale Aberrationen 137

Abbildungsverzeichnis

1.1. Elektronenmikroskopaufnahme eines humane X-und Y-Chromosoms 1
1.2. FISH-Analyse des TRA/D Genortes der Probe L124/99 3
1.3. Übersicht der FT-CGH Analyse 4
1.4. Effekte chromosomaler Aberrationen in humanen Krebszellen auf genomischer Ebene 6
1.5. Inversion inv(14)(q11q32) 9

3.1. GenomeWalker Adaptor 31
3.2. GenomeWalker™ Verfahren 32
3.3. Ergebnis der LM-PCR im Bereich 5q35.1 am Beispiel der DAOY-Zelllinie 35
3.4. Sequenzierausschnitt der Zelllinie DND41 im Chromas Programm 36

4.1. Unnormierte Messwerte der Kontrollen und Proben der 3.Analyse 40
4.2. Logarithmierte unnormierte Werte der Kontrollen und Proben der 3.Analyse . . . 41
4.3. Normierung der Daten mittels der prozentualen Häufigkeit 42
4.4. Normierung der Daten mittels der prozentualen Häufigkeit nach Abzug des Mittelwertes 43
4.5. Berechnung der Signalintensitäten zwischen Probe 1 und Referenz 1 46
4.6. Originalzeitreihe der Probe 1 und Probe 5 47
4.7. Vergleich der Mittelwertbildung - Beispiel 1 49
4.8. Vergleich der Mittelwertbildung - Beispiel 2 50
4.9. Lokale Rangzahlen und Summen der Probe 1 52
4.10. Lokale Rangzahlen und Summen der Probe 5 52
4.11. Histogramm der normierten Werte des TRA/D Genortes (Chr.14) der Probe 1 . 53
4.12. Histogramm der normierten Werte des TRA/D Genortes (Chr.14) der Probe 5 . 54
4.13. Ausreißer der Drei-Sigma-Regel anhand der lokalen Summen von Chr.14 57
4.14. Ausreißer der 2.5- bzw. 2-Sigma-Regel der lokalen Summen im TRA/D Genort der Probe 5 59
4.15. Histogramm der lokalen Summen aller normierten Daten von Probe 1 und Probe 5 60
4.16. Ausreißer der Sigma Regel der Probe 5 des TRA/D Genortes 63
4.17. Aufbau der interaktiven Benutzeroberfläche 66
4.18. Interaktive Benutzeroberfläche der 3.Analyse 68
4.19. Interaktive Benutzeroberfläche der 3.Analyse der lokalen Summen der Probe 1 und 5 69
4.20. Interaktive Benutzeroberfläche der 3.Analyse der lokalen Summen der Probe 1 . . 70
4.21. Interaktive Benutzeroberfläche der 3.Analyse 71

Abbildungsverzeichnis

5.1. FT-CGH der DAOY Zelllinie im *TRA/D* Locus auf Chromosom 14q11 73
5.2. FT-CGH der DAOY Zelllinie im NKX2.5 Locus auf Chromosom 5q35 74
5.3. LM-PCR der DAOY im Bereich 5q35.1 75
5.4. Bruchsequenz der DAOY Zelllinie 75
5.5. Deletion der DAOY Zelllinie 76
5.6. PCR zur Überprüfung der Fusions-mRNA *DOCK2-GABRP* 77
5.7. Involvierte Gene der Fusions-mRNA der DAOY Zelllinie 77
5.8. FISH-Analyse der Probe L124/9 78
5.9. FT-CGH der Probe L124/99 des *TRA/D* auf Chromosom 14q11.2 79
5.10. LM-PCR der L124/99 im Bereich 14q11.2 80
5.11. Sequenzierung der atypischen Banden der L124/99 80
5.12. Translokation t(12;14)(q23q11) bei der L124/99 81
5.13. Zweiter Bruchpunkt der Translokation t(12;14)(q23q11) der L124/99 82
5.14. Ermittelte Umlagerungen des *TRA/D* Genortes (14q11.2) der L124/99 82
5.15. Ergebnis der Translokation t(12;14)(q23q11) bei der L124/99 83
5.16. FT-CGH Analyse des *TRA/D* Genortes (14q11) der Probe 867/05 84
5.17. Aufgetragene LM-PCR des *TRA/D* Locus mit den Primern V1-for(-275)/AP2 . . 85
5.18. Bestätigung des *TRA/D* Rearrangements der 867/05 85
5.19. Erster Bruchpunkt der Inversion inv(14)(q11q32) der Probe 867/05 86
5.20. LM-PCR der 867/05 Probe und 293-T Kontrolle mit den genspezifischen Primern
 TRAC-r8/r11 im *TRA/D* Genorte 87
5.21. Zweiter Bruchpunkt der Inversion inv(14)(q11q32) der 867/05 Probe 88
5.22. Geklärte Bruchpunkte des *TRA/D* Genortes (14q11) der Probe 867/05 89
5.23. FT-CGH Analyse des *IGH* Genortes auf Chromosom 14q32 der Probe 867/05 . . 90
5.24. FT-CGH Analyse des *TRA/D* Genortes auf Chromosom 14q11.2 der Probe 274/05 91
5.25. LM-PCR der Probe 274/05 an der Position 21,434K des Chromosoms 14q11 . . . 92
5.26. FT-CGH Analyse des *TRA/D* Genortes auf Chromosom 14q11 der Probe 274/05 92
5.27. LM-PCR der Probe 274/05 an der Position 21,842K (Chr. 14q11) mit den Primern
 TRAV39-f3/f4 93
5.28. Sequenzierung atypischer Banden der TRAV39-f3/f4 LM-PCR der Probe 274/05 . 94
5.29. Erster 14q32 Bruchpunkt der Translokation t(14;14)(q11q32) der Probe 274/05 . 95
5.30. FT-CGH Analyse des *TRA/D* Genortes auf Chromosom 14q11.2 der Probe 274/05 96
5.31. FT-CGH Analyse des *TRA/D* Genortes auf Chromosom 14q11.2 der Probe L551/01 97
5.32. Sequenzanalyse der LM-PCR mit den Primern TRAJ20-back-A/B bei der 551/01 98
5.33. FT-CGH Analyse des *TRA/D* Genortes (14q11) der Probe L551/01 mit der geklärten T-Zell-Rezeptor Umlagerung zwischen *TRAV13-1* und *TRAJ20* 99
5.34. FISH-Analyse des *TRA/D* Genortes der 1365/04 100
5.35. FT-CGH Analyse des *TRA/D* Genortes auf Chromosom 14q11.2 der Probe 1365/04 100
5.36. Sequenzanalyse der Probe 1365/04 mit den Primern TRAV16-for-B 101
5.37. Sequenzanalyse der Probe 1365/04 mit den Primern TRAV9-2-for-B 101

Abbildungsverzeichnis

5.38. FT-CGH Analyse des *TRA/D* Genortes der Probe 1365/04 102
5.39. Ausschnitt der FT-CGH des *TRA/D* Genortes (14q11) der Probe 1365/04 103
5.40. Überprüfung der *TRA/D* Umlagerungen auf cDNA Ebene der Probe 1365/04 . . 103
5.41. PCR zum Nachweis der *TRAV9-2-TRAJ24-TRAC* mRNA bei der Probe 1365/04 104
5.42. Sequenzierung bzgl. der möglichen mRNA der Probe 1365/04 104
5.43. LM-PCR der Probe 1365/04 an der Position 22,076K (14q11) mit den Primern TRAJ7-back-A/B 105
5.44. Erster Bruchpunkt der Translokation t(14;14)(q11q32) der Probe 1365/04 106
5.45. Sequenzergebnis der LM-PCR mit den Primern PPP2R5C-back-A/B 107
5.46. Zweiter Bruchpunkt der Translokation t(14;14)(q11q32) der Probe 1365/04 108
5.47. Sequenzanalyse der *PPP2R5C-TRAC* Fusions-mRNA der Probe 1365/04 109
5.48. Messung der *PPP2R5C-TRAC* Fusions-mRNA der Probe 1365/04 110
5.49. Zusammenfassung der bestätigten genetischen Aberration der Probe 1365/04 . . 111
5.50. FT-CGH des *TRA/D* Genortes (14q11) der KK1 Zelllinie 112
5.51. Aufgetragene LM-PCR des *TRA/D* Genortes mit den Primern TRAJ40-r4/AP2 113
5.52. Bestätigtes *TRA/D* Rearrangement der KK1 Zelllinie 113
5.53. FT-CGH Analyse der KK1 Zelllinie des 14q32.2 Genortes im Bereich von 97-99M 114
5.54. Sequenzanalyse des atypischen PCR Produktes der KK1 Zelllinie 115
5.55. Bruchpunkte der Deletion im 14q32 Genort der Zelllinie KK1 116
5.56. Bruchpunkt innerhalb des *BCL11B* Gens der KK1 Zelllinie 117
5.57. Bestätigte Deletion der KK1 Zelllinie im 14q32 Genort 117

6.1. Struktur eines spannungsabhängigen Kaliumkanals 121
6.2. Struktur und alternative Transkripte des humanen *KCNIP1* Gens 121
6.3. Struktur eines MaxiK Kanal 122
6.4. Bruchpunkt der Translokation t(12;14)(q23;q11) auf Chromosom 12 123
6.5. Inversion inv(14)(q11q32) der T-ALL Probe 867/05 125
6.6. Bestätigte Translokation der T-PLL ähnlichen Leukämieprobe 274/05 126
6.7. Ungeklärter Bruchpunkt der Patientenproben 274/05 und L551/01 128
6.8. Struktur des PP2A Komplexes 129
6.9. Bcl11a und Bcl11b in der lymphoiden Entwicklung 131
6.10. Bruchpunktgene von *BCL11B* 132
6.11. Bruchpunkte im *BCL11B* Genort 132
6.12. Darstellung des *TRA/D* Genortes der 1365/04 mittels interaktiver Benutzeroberfläche 134
6.13. Ausschnitt des *TRA/D* Genortes der 1365/04 mittels interaktiver Benutzeroberfläche 135

Abbildungsverzeichnis

Danksagung

Im Folgenden möchte ich mich bei den aufgeführten Personen, welche diese Dissertation erst ermöglichten und unterstützten, bedanken.

Herrn Prof. Dr. Christian Andreas Schmidt gilt mein herzlichster Dank für die Bereitstellung des interessanten Themas, für die Unterstützung und Betreuung bei der Durchführung dieser Arbeit und für die Zeit und Geduld, die er für mich aufgebracht hat.

Herr Prof. Dr. Christoph Bandt möchte ich für die stete Diskussionsbereitschaft, seinem Interesse und die vielen wertvollen Ratschläge, die zur Anfertigung dieser Dissertation beitrugen, danken.

Des Weiteren danke ich Grzegorz Przybylski und Piotr Grabarczyk für die nützlichen Anregungen und Gespräche und insbesondere Kathrin Aßmus für die Hilfe bei der Durchführung von Experimenten und für das offene Ohr, das immer da war.

Ein ganz besonderer Dank gilt natürlich meinem Mann Marcus, der mir mit seiner Geduld eine riesige Hilfe war, sowie meiner Familie, meiner Tante Karin, meinen Schwiegereltern und meinen Freunden, welche mir viel Verständnis und Geduld entgegenbrachten. Besonders erwähnen möchte ich meine Freundin Kristine, die mir Ansporn und Motivation zugleich war.

Für die finanzielle Unterstützung danke ich der Alfried Krupp von Bohlen und Halbach Stiftung "Tumorbiologie„ und der Deutschen José Carreras Leukämie Stiftung.

i want morebooks!

Buy your books fast and straightforward online - at one of world's fastest growing online book stores! Environmentally sound due to Print-on-Demand technologies.

Buy your books online at
www.get-morebooks.com

Kaufen Sie Ihre Bücher schnell und unkompliziert online – auf einer der am schnellsten wachsenden Buchhandelsplattformen weltweit! Dank Print-On-Demand umwelt- und ressourcenschonend produziert.

Bücher schneller online kaufen
www.morebooks.de

VDM Verlagsservicegesellschaft mbH
Heinrich-Böcking-Str. 6-8   Telefon: +49 681 3720 174   info@vdm-vsg.de
D - 66121 Saarbrücken   Telefax: +49 681 3720 1749   www.vdm-vsg.de

Printed by Books on Demand GmbH, Norderstedt / Germany